다시 여행이다

(잊혀진 나를 만나는 시간)

다시 여행이다

글·사진 김희정

잊혀진 나를 만나는 시간

이담북스

일상이 변했다.

여행도 변했다.

그리고

다시 여행을 떠날 이유를 찾는다.

프롤로그

이제는 여행이 숨 쉴 때

오랜만에 산을 찾은 것은 건강검진 결과 운동을 하라는 의사의 권유 때문이었다. 평일이라 그런지 산행이 한산해, 사진을 찍으며 천천히 정상을 향해 올라가고 있었다.

대부분의 악산惡山은 깔딱고개가 있는데 급경사로 숨이 깔딱거릴 정도로 힘든 고개라는 뜻이다. 산을 많이 타는 등산객조차도 힘겨워하는 구간이다.

힘겹게 고개를 오른 후 벤치에 앉아 방전된 체력을 충전하고 있을 때였다. 두 명의 등산객이 올라오더니 바로 옆 벤치에 앉아 두런두런 이야기를 나눴다.

"작년과 또 다르네. 더 이상 못 가겠어."

나이 지긋한 분의 체념 섞인 말이었다.

"그래도 여기까지 왔으니 정상은 보고 가야죠. 힘내면 갈 수 있어요."

다른 동료가 독려하자, 노인은 작은 소리로 대꾸했다.

"아냐. 내 몸은 내가 잘 알아. 못 갈 것 같아."

예상대로 그들은 올라온 길을 다시 내려가기 시작했다. 그들을 등지며 산을 오르는데 노인의 말이 머릿속을 맴돌았다. 몸속에 빙의된 또 다른 내가 속삭이는 말 같았다.

세월이 흐를수록 노쇠해져가는 몸, 힘이 없어지고 행동은 느려진다. 나이는 어쩔 수 없으니, 뒤늦게 운동을 시작하고 식단을 조절한다. 그러나 꾸준히 운동하는 것이 어렵고, 먹고 싶은 것을 마음껏 먹지 못하는 것도 힘들다. 헬스장을 등록하지만 며칠 다니고 그만, 결국 주말이 되면 산을 찾게 된다.

사람들의 발길이 끊이지 않는 명산들은 등산로가 정비되고 위험한 길은 데크를 설치하거나 보호 줄로 안전을 확보한다. 덕분에 등산객은 점점 늘어나고 산은 그들이 뱉은 이산화탄소를 받아 생기가 더해간다.

녹색식물의 엽록소는 태양 에너지를 이용해 공기 중에서 빨아들인 이산화탄소와 뿌리에서 흡수한 수분으로 광합성 작용을 한다. 즉, 광합성을 위해서는 이산화탄소와 물이 필수다. 식물은 이

산화탄소가 많으면 더 활발히 숨을 쉰다. 인간은 산소를 마시고 이산화탄소를 배출하며, 반대로 식물은 이산화탄소를 마시고 산소를 배출한다. 그렇게 서로 공생하며 살아간다.

코로나19로 사람들의 발이 묶였다. 방역수칙으로 여행을 제한하고 사람들을 집에 가두었다. 코로나 팬데믹에 갇힌 우리는 1cm도 안 되는 마스크 안에서 답답한 숨을 헐떡이고 있다.

울창한 녹음 속에 감춰진 거친 속살, 돌들이 얼기설기 덧대어진 너덜지대를 끊임없이 올라갔다. 정상이 가까워질수록 다리는 힘이 풀리고 숨은 더 거칠어졌다.

몸의 고통을 넘어서면 마음은 한없이 자유로워진다. 정상을 정복한 자만이 누릴 수 있는 혜택이다. 정상석을 배경으로 인증샷을 찍고 발끝 아래 펼쳐지는 경관에 잔뜩 취해 있었다.

그러다 문득 산 아래를 쳐다보니 예전과는 다른 분위기가 엄습했다. 산은 외로워 보였고, 답답하게 숨을 쉬고 있는 듯했다.

여행은 억울하다.

코로나19의 집단감염경로가 아닌데도 이동이라는 행위 때문에 여행을 바라보는 시각은 곱지 않다. 해외여행은 엄두도 못 내고 국내여행도 눈치가 보인다. 결국 여행객은 줄고 여행사는 구조조정을 하거나 폐업하는 곳도 속출한다.

코로나19로 미세먼지가 줄어 하늘이 청명해졌다고 한다. 그러나 우리는 여전히 맑은 공기를 들이마시지 못하고 마스크 안, 한 줌의 숨으로 살아가고 있다. 자연도 마찬가지다. 인간의 숨길을 그리워하며 깔딱이고 있다.

이제는 숨을 이어야 할 때, 여행이 숨 쉴 때다.

목 차

1 다시 여행이다

2 여행이 변했다

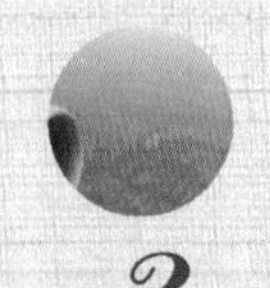

3

여행에서 배우는 지혜

4

어떤 여행을 할까?

5

여행이 내 삶에

에필로그

부록 | 전남 어디가 좋아?

1

다시 여행이다

여행은 자신을 되돌아보게 만든다.

여행을 하면서 사랑을, 이별을, 행복을, 슬픔을,

그리고 인생을 들여다본다.

'자아'라는 녀석과 드디어 마주하게 된다.

숨겨둔 보물

“저기 보이는 산이 무슨 산인가요?”

낯선 이에게 말을 건 그는 다음 질문을 바로 이었다.

“지리산에 가 보셨어요?”

“아뇨, 아직…”

“그럼, 소중한 보물 하나 숨겨뒀다고 생각하세요.”

구례여행을 떠나다 길가 전망대에서 만난 어느 노인과의 대화였다.

《사라져 아름답다》의 작가 ‘구영회’.

사진을 찍고 있던 나에게 말을 건 그는 책 한 권을 쓱 내밀었고, 마법에 걸린 듯 그 보물에 대한 수수께끼는 잊혀지지 않고 마음 한 켠에 자리잡았다.

노고단을 택했다.

‘노고단에서 백지영이었습니다.’로 유명했던 곳, 구례 사성암에서 어렴풋이 봤던 곳, 아니, 수많은 보물 중에 가장 캐기 쉬워 보인 것이 가장 큰 이유였다.

3개 도, 5개 시군, 15개 읍면으로 둘러싸인 지리산은 민족의 영산으로 불린다. 백두대간의 산줄기가 소백산, 속리산, 덕유산을 만들고 남해 앞에서 마지막 여세를 몰아 지리산으로 용솟음친다. 백두대간의 완성인 셈이다.

지리산은 우리나라 최초의 국립공원이자 최고의 면적을 자랑하는 산이다. 그 넓은 지리산에 3대 봉으로 불리는 봉우리가 있는데 천왕봉(1,915m), 반야봉(1,734m), 노고단(1,507m)이 그것이고, 그 중에 가장 낮은 노고단을 택한 것이다.

산 중턱에 있는 성삼재 휴게소에서의 풍경은 이미 지리산 정상에 오른 듯 아찔했다. 주차를 하고 녹음이 우거진 산길을 올랐다. 그다지 가파르지 않은 평탄한 길이라 지리산이라는 막연한 두려움은 사라져 버렸다. 보물을 이렇게 쉽게 캘 수 있다니 마음이 한결 가벼워졌다.

산책 같은 등산을 하며 초등학생 시절 소풍을 떠올렸다. 소풍날이 다가오면 보물 캘 생각에 들떴었다. 소풍이라 해봐야 매년 '아산만'이라는 유원지에 가는 게 전부였는데, 도착하면 언제나 보물찾기를 했다.

선생님이 미리 가서 숨겨둔 보물 쪽지를, 공책, 연필, 크레파스,

그리고 꽝, 글자가 적혀 있을 쪽지를 바위 틈, 나무 밑을 샅샅이 뒤지며 찾았다.

"찾았다!"

누구 한 명의 목소리가 들리면 몸과 마음은 더욱 조급해졌다. 여기저기서 친구들의 함성이 들렸지만 결국 나는 하나도 찾지 못하고 말았다. 누구나 쉽게 찾을 수 없는 의외의 장소를 공략했어야 했다.

지름길을 택했다.

추억을 떠올리며 반 정도를 오르니 두 갈림길이 나왔다. 오른쪽으로 가면 평탄한 임도, 그러나 거리는 두세 배나 멀었다. 질러가는 길은 거리상으로는 가까웠지만 대신 강도가 심할 것만 같았다. 생각보다 쉽게 보물을 캐고 싶지 않은 마음에 모험을 선택했다.

예상은 적중했다. 가파른 계단 길과 자갈 언덕길이 이어졌다. 몸에서는 땀이 나고 숨은 가빠오고, 가장 힘든 건 역시 발바닥이었다. 울퉁불퉁 바윗길은 걷기도 불편하고 아팠다. 다행인 것은 오를수록 여름이 사라진다는 것. 그리고 더욱 더 멋진 풍경이 펼쳐진다는 것.

노고단 대피소를 지나 또 한참을 돌길과 싸웠다. 훤히 정상이 보이는 노고단 입구에 다다르니, 앞으로 가야 할 길이 보여서인지 막막했던 마음이 조금은 가셨다. 하늘과 맞닿은 지리산의 능선들이 보이고, 바로 눈앞에서 구름이 빠르게 지나가고 있었다.

노고단 정상에 오르자 원뿔형 돌탑이 가장 먼저 반겼다. 노고단은 신라 화랑국선의 연수도장이며 산신제를 하는 제단이었다는 것을 한눈에 봐도 알 정도로 여느 산 정상과는 분위기가 사뭇 달랐다. 늙은 시어머니를 위해 제사를 지내는 곳이라 하여 '노고老姑단'이라는 이름이 붙었다고 했다.

백두산에서 지리산까지 우리나라의 등뼈를 이루는 백두대간, 그 끄트머리에 올라서니 가슴이 벅차올랐다. 구름으로 뒤덮이니 지리산은 더욱 영봉다운 자태를 보였다. 장엄한 능선 위에 깔린 구름은 마치 곰탕처럼 진하게 우러나고 있었다.

노고단 정상석을 배경으로 인증 숏을 찍었다. 보물 하나를 캔 것 같기도 하고 아닌 것 같은 게 영 개운찮았다. 쉽게 내려올 수가 없었다. 조금만 더 있으면 구름이 지나가 걷힐 것만 같았고, 그러면 보물의 온전한 모습을 볼 수 있을 것만 같았다.

한참을 기다려도 보물은 쉽게 모습을 허락하지 않았다. 구름은 꼬리를 물고 지나가고 있었고, 지나가면 되레 더 큰 구름이 몰려왔다.

더 이상 기다리지 않고 하산을 결심했다. 애써 보물을 캐고 싶지도 않았다. 그냥 가슴에 품어두기로 했다. 그래야 다음에 또 올 수 있으니.

▶ 지리산 노고단에서

구름과 마주하는 곳, 우리 민족의 영산 지리산은 누가 뭐래도 보물임에 틀림없다. 하나둘씩 그 보물을 캐는 재미가 솔솔, 계절따라 옷을 갈아입고 절경을 뽐내는 지리산을 내 가슴 속에 하나씩 품고 싶다.

전라남도 구례군, 전라북도 남원시, 경상남도 함양군 · 산청군 · 하동군에 걸쳐 있는 산

멍에를 벗는 순간

수레나 쟁기를 끌기 위해 소의 목에 얹는 구부러진 막대를 멍에라 한다. 전쟁포로나 노예의 목에 씌우는 도구로도 확대되었고, 벗어날 수 없는 구속, 억압, 속박, 복종을 상징적으로 나타내는 말이 되었다. 반대로 '멍에를 벗는다'는 것은 구원과 해방을 상징한다.

소는 일할 수 있을 때가 되면 멍에를 씌우고, 더 이상 일할 수 없을 때, 노쇠해 도태될 때야 비로소 멍에를 벗게 된다. 인간은 더 심하다. 태어남과 동시에 인생이라는 멍에를 쓰게 되고 죽을 때가 돼서야 그 멍에를 벗는다.

멍에는 운명이다.

행복한 멍에라는 말은 없고, 생과 죽음이 뜻대로 되는 것이 아니기에 멍에는 자신에게 주어진 인생이요, 숙명이다. 그렇다면 멍에는 스스로 감당해야 한다.

멍에로부터 해방될 수 있는 방법 두 가지가 있다. 하나는 '나를 힘들게 하는 건 나다'라는 인식이다. 남들이 나를 힘들게 하는 것 같지만 나를 힘들게 하는 건 바로 내 생각 때문이다.

상대는 뱉고 잊어버린 무심한 말을 집까지 가지고 온다. 은근히 화가 나기 시작하고 잠을 설치게 된다. 나를 이긴 상대는 즐겁게 지내지만 진 게 억울해 몇 날 며칠을 괴로워한다. 월요일 출근해서 해결해도 될 일을 주말 내내 걱정하고 고민한다. 친구, 동료, 애인, 가족과의 관계를 잘 만들지 못하는 자신을 책망한다.

나 스스로 나를 힘들게 하는 것이다. '그럴 수도 있지, 질 수도 있지. 내일 해결하면 되지. 사람이 다 그렇지 뭐.' 하며 마음 편하게 먹어야 한다. 그래야 자유와 평온이 찾아온다.

두 번째는 남을 미워하지 말아야 한다. 우리는 살면서 남을 칭찬하기보다는 미워하는 것을 더 많이 한다. 남이고 경쟁자이니 어쩔 수 없겠지만 괜히 미워하기도 하고, 무시당해 기분 나빠서 미워하기도 한다. 미움이 커지면 그가 사고 나길, 병들길, 망하길, 죽길 바라기까지 한다.

그 순간 우리의 마음도 같이 망가진다. 기분이 좋으면 '아드레날린'이라는 좋은 호르몬이 분비되지만, 화가 나면 '노르아드레날린'이라는 분노의 호르몬이 나온다. 남을 미워하고 화를 내면 내 마음이 상하고 내 몸이 병들게 된다.

또한 남이 잘못되길 빌면 어떤 식으로든 자신도 비슷한 처지에

놓이게 된다. 사람에게는 세상을 움직이는 보이지 않는 기가 있다고 한다. 내 기운으로 남을 힘들게 했으면 그도 똑같이 그 기운으로 나를 힘들게 할 것이다.

'원수를 사랑하라'는 성서의 진리는, 그를 위해서가 아니라 나를 위해서 그를 용서해야 한다는 의미다. 진정으로 나를 해방시키는 길이다.

남해 바다는 해남과 고흥 사이로 파고들어 강진만을 만들어 냈다. 물살을 버텨가며 몇 개의 섬들이 자리를 잡았는데 그중에 가장 큰 섬이 바로 가우도다. 섬의 생김새가 마치 소의 멍에를 닮았다 하여 '가우도(멍에駕+소牛)'란 이름이 붙었다.

가우도는 양쪽으로 다리를 연결하면서 강진의 최대 관광지로 급부상했다. 2.5km의 섬 주위 생태탐방로는 산과 바다를 조망하면서 걸을 수 있는 천혜의 트레킹 코스다. 섬에는 다양한 산림자원과 맛 좋은 해양자원이 풍부하고 짚라인도 탈 수 있어 주말에는 평균 3천여 명의 관광객이 방문할 정도다.

배를 타야만 육지로 나갈 수 있었던 가우도는 섬 양쪽으로 다리를 만들면서 해방되었다. 결국 가우도는 독립된 행정구역이 되었고 강진의 여의도라 불리며 최대 관광명소가 되었다.

우리는 누구나 멍에를 쓰고 살고 있다. 멍에에서 벗어나는 것은 자신만이 할 수 있는 일이다. 나를 힘들게 하는 건 나라는 인식을 갖고 남을 미워하지 말고 살다 보면 멍에는 잊어버리게 된다.

나를 힘들게 하는 것도 나며, 나를 해방시키는 것도 나다.

인간은 어쩌면 영원히 자유와 안락이라는 딜레마 속에서
방황할 수밖에 없는 존재인지도 모른다.
우리는 그 갈망을 부채질하며 어서 오라 재촉하는
저 먼 이미지들의 유혹에서 벗어나지 못한다.
여행은 바야흐로 일탈, 자유, 해방의 형식으로
현대인에게 가장 매혹적인 행위가 되었다.

- 정지우, 《당신의 여행에게 묻습니다》 중에서 -

▶ 가우도 짚라인 타는 사람들

가우도에는 짚라인이 있다. 가우도와 육지를 잇는 짚라인을 타고 내려오는 사람들의 아찔한 모습에 내가 대신 해방감을 느끼는 것은 왜일까? 상쾌하게 하늘을 비행하는 그들이 한없이 부럽지만 무서워서 탈 엄두조차 나지 않는다. 사진 찍으며 올려다보는 걸로 대리만족!

전라남도 강진군 도암면 신기리

정신적 가치를 찾아서

Q : "행복하고 싶은데 행복해질 수 없는 사람들, 그들이 누구입니까?"

A : "크게 보면 두 부류입니다. 우선 정신적 가치를 모르는 사람입니다. 왜냐하면 물질적 가치가 행복을 가져다주진 않으니까요. 가령 복권에 당첨된 사람이 있어요. 그 사람이 과연 행복하게 살까요? 그렇지 않습니다. 정신적 가치를 모르는 사람이 많은 물건을 가지게 되면 오히려 불행해지고 말더군요."

백 세가 넘은 연세대 철학과 김형석 명예교수의 인터뷰 내용이다. 퇴직 후 삶을 걱정하던 차에 해답을 찾은 느낌이었다. 김난도 교수는 퇴직 후 새로운 명함을 만들어야 한다고 했다. 20부터 50까지 기나긴 세월을 다사다난하게 살아왔는데 퇴직 후에 그 30년의 세월을 또 한 번 더 반복해야 하기 때문이라는 것이다. 살아온 세월만큼 다시 또 살아야 하는 사회구조, 장수사회는 제2의 인생의 방향과 방법론을 고민하지 않으면 안 되게 만들었다.

퇴직 후에는 정신적 가치에 초점을 두어야 한다. 지금까지의 인생에서는 아무래도 물질적 가치가 중요하고 필요했다. 그러나 남은 인생에서는 다르다. 돈이 목적이 아닌 정신적 풍요로움을 채워줄 그 무언가가 필요하다. 그렇지 않으면 젊은 시절을 살아온 그 길고 치열했던 기간만큼을 무의미하게 보내야 한다. 죽음을 기다리며 매일 공원 산책과 등산만 할 수는 없다.

그렇다면, 내가 찾는 정신적 가치는 무엇일까?

여행과 글쓰기를 하면서 내 정신이 풍요로워짐을 느낀다. 우선 여행은 자신을 되돌아보게 만든다. 여행을 하면서 사랑을, 이별을, 행복을, 슬픔을, 그리고 인생을 들여다본다. 교과서에서 흘겨 읽었던 '자아'라는 녀석과 드디어 마주하게 된다.

또한, 여행을 통해 많은 것을 배운다. 사전 조사를 하면서 정보를 얻고, 현지에서 다른 문화를 체험하고 아름다운 경관을 눈에 익힌다. 지식이 풍요로워지고 시야가 넓어진다.

여행에 사진이 곁들여지면 또 다른 매력이 있다. 왜 지금같이 사진찍기 편한 시대에 태어나지 않았나를 가끔 아쉬워한다. 아주 어렸을 적 삶을 아무리 들여다보려고 해도 몇 장 안 되는 사진뿐이다. 지금은 언제 어디서나 쉽게 일상을 담는다. 세월이 흘러 한 번씩 꺼내 볼 때면 아련한 추억이 소환되고 그 시간으로 다시 돌아가게 된다.

글쓰기는 두말할 필요 없는 정신적 가치의 산물이다. 글을 쓰면 뇌가 살아 있고 성장하는 것을 느낀다. 퇴직 후에는 원 없이 책을 읽고 싶다. 비 오는 날이면 침대에 누워 조용한 음악을 틀어놓고 하루 종일 책을 읽고도 싶다. 내 머릿속에 도서관 한 채를 통째로 담고 싶고, 그것을 기반 삼아 나만의 글을 써 내려가고 싶다. 커다란 책장 하나 정도를 내 책으로 가득 채우고 싶다.

언젠가 나에게도 다가올 그 날, 내가 추구할 정신적 가치의 삶이다.

▶ 신안 송공산 전망대에서 다도해를 바라보며

해발 200미터밖에 안 되는 신안 송공산을 힘겹게 오른 후 '세상에 만만한 산은 없다'는 것을 다시 한번 깨닫는다. 뻐근한 다리근육을 풀며 전망대에서 다도회를 바라본다. 멋진 풍경을 얻으려면 몸의 피로를 감수해야 하듯 정신적 가치를 높이려면 그만큼의 노력이 필요하다. 낮은 산을 우습게 본 초보 등산객은 아름다운 다도해를 카메라에 담고 오늘을 또 기록한다.

전라남도 신안군 압해읍 송공리 산33

자연에서 배우는 공감

고창 선운사로 향했다.

백제 시대 승려검단이 창건한 천년고찰로 대웅전 뒤 아름다운 동백숲으로 유명한 절이다. 입구부터 단풍나무, 벚나무, 느티나무, 온갖 나무들이 녹음을 자랑했다. 계곡물 소리, 벌레 소리, 새소리는 싫지 않을 정도의 음파로 화음을 맞추고 있었다. 귀로 듣는 살아 있는 음악에 취해 벤치에 앉아 물끄러미 계곡을 바라보고 있었다.

계곡물이 이상했다.

뿌연 색이었는데 마치 고여 썩은 물처럼 검은색이 감돌았다. 덕분에 짙은 배경 속으로 나무의 형상이 잘 반영되어 또 다른 세상이 만들어지고 있었다. 선운산에 많이 자생하는 도토리, 상수리 등 참나무과 낙엽에 함유된 '타닌'이라는 성분 때문이라 했다. 묵 색깔인 게 마치 오염된 것처럼 보여 오해받기 십상이었다.

염색원료로도 이용하는 타닌 성분이 바위에 침착된 현상이다.

물과 융화되어 하나가 된 것이다. 반면 물에 잠시 투영된 나무는 불안한 그림처럼 바람과 물결에 이리저리 흔들리고 있었다.

연주 소리에 맞춰 절로 가는 내내 송창식의 노래를 흥얼거렸다. '설운 날'에 동백꽃이 후두둑 지는 모습을 본다면 기분이 어떨까? 동백꽃 지는 계절이 아닌 걸 참 다행이라 생각했다.

1km 정도 산속으로 들어가니 드디어 만난 선운사, 때마침 늙은 스님이 설법을 하고 있었다. 배롱나무 사이로 스님과 신자들의 모습을 보며 맞은편 만세루에서 녹차 한 잔의 여유를 부리니 이보다 더 좋은 힐링이 있을까 싶었다.

대웅전 옆으로 돌아가니 보고 싶었던 지장보살이 나왔다. 지장보살은 미래불인 미륵이 오기 전까지 지옥에서 인간을 구제해준다는 보살로 알려져 있다.

지장보살을 처음 본 것은 아이들과 함께한 일본 유학에서였다. 일본은 정토 신앙이 보급된 헤이안 시대 이후 극락왕생을 염원하는 신앙이 깊어졌다. 지장보살이 아이를 안고 있는 모습 때문에 아이의 안녕과 건강을 지켜주는 보살로 인식되어 전국적으로 조그만 석상들이 마구 세워지기 시작했다.

'오지조상おじぞうさん'이라 불렀다. 교토 골목길을 걷다 보면 수도 없이 오지조상을 발견하곤 했다. 아이의 안녕을 바라는 마음을 담아 간절히 그 앞에서 기도하곤 했었다.

아이는 세상에 안착하기까지 불안한 존재다. 몸과 마음에 상처를 입기 쉬우므로 부모는 그런 아이의 심리를 잘 파악해 적절히 대응해야 한다. 어쩌면 부모는 심리상담의 전문가가 되어야 할지도 모른다.

심리전문가 칼 로저스는 인간 중심적 심리 상담을 강조했다. 그 해법으로 '공감'을 제시했는데, 형식적인 공감이 아닌 깊이 있는 공감이다. 깊이 있는 공감이란 아이의 경험을 함께하고 아이의 세계에 잠시 들어가 보는 경지다.

고개만 끄덕이며 피상적으로 공감해주면 상대는 금세 알아챈다. 바로 영혼 없는 공감이 되는 것이다. 그의 아픔을 나의 아픔으로 받아들이는 진정한 공감을 해야 한다. 바람에 흔들리는 물에 비친 '반영'이 아닌, 타닌 성분이 바위에 녹아들어 물색을 바꾸는 '침착'과도 같다.

선운사를 지나 3km 정도 더 올라가니 산 중턱에 세워진 도솔암이 나왔다. 절 옆 약수 물에 목을 축이니 세상 부러울 것이 없었다. 도솔암 뒤편에는 마애불상이 떡하니 산을 등지고 바위에 새겨져 있었다. 크기와 웅장함에 압도당해 절로 손을 모으고 고개를 숙이게 만들었다. 가슴팍에 숨겨둔 '비기(비밀을 기록한 것)'는 거대한 마애불과 함께 바위에 착상되어 있었다.

바위와 하나 된 진정한 융화, 불교가 종교로서 수천 년을 이어

온 이유이지 않을까? 힘들고 괴롭고 병든 중생들의 마음을 깊이 있게 공감해주고 어루만져준 덕이다.

종교뿐만 아니라 일상에서도 상대방을 진정으로 공감하는 것이 중요하다. 상대방의 말과 생각을 그의 입장에서 깊이 있게 들어주고 공감해줘야 한다.

"왜?"

상대방이 문제를 제시했을 때 우리는 대뜸 이렇게 반문한다. 공감도 소통도 모두 실패다.

"나도 너라면 충분히 그럴 수 있을 것 같아."

그는 이런 대답을 듣고 싶어 할 것이다.

깊이 있는 공감 후 그의 세계에 풍덩 빠져 길을 잃으면 큰일이다. 다시 원래의 나의 길로 돌아와야 한다. 도솔암을 뒤로하고 내려오는 길, 길 하나가 차로와 보행로, 둘로 나뉜다.

보행로를 걸으며 내 인생의 길로 다시 안착한다.

▶ 선운사 계곡물에 투영된 나무

타닌 성분으로 뿌연 계곡물에 투영된 또 다른 세상을 한참을 들여다본다. 물결에 살랑이는 잎새, 언제 사라질지 몰라 불안한 게 우리 인생과 같다. 선운사에 가면 지장보살 앞에서 가족을 위해 기도해 보라. 대웅전 앞 만세루에서 나도 모르게 떨어지는 눈물 한 방울 담긴 녹차 한 잔이면 최고의 힐링 여행이 될 것이다.

전북 고창군 아산면 선운사로 250 선운사

여행의 현실

“나는 미래에 대해 생각하는 법이 없다. 어차피 곧 닥치니까.”

세계적인 천재 아인슈타인은 미래를 걱정하지 않았다. 피하고 싶어도 피할 수 없는 미래, 결국 만나야 되는 미래를 걱정하느라 시간을 허비하고 싶지 않았던 것이다.

하지만, 대부분 인간은 미래를 걱정한다. 오늘을 잘 준비하지 못하면 불안한 내일이 올 거라는 두려움을 안고 살아간다. 그래서 인간은 완벽을 추구하려 한다. 오늘 나에게 주어진 일을 잘 처리하고 싶어 하고, 오늘보다 더 나은 내일을 동경한다.

이런 완벽주의가 인간을 진화시켜온 것은 아닐까? 동료와의 경쟁을 통해 두뇌는 우수해지고 그 유전자는 다시 후대에 이어진다.

인생을 되돌아보면 경쟁의 연속이었다. 어릴 때 친구들로부터 사회생활까지 무수한 경쟁을 하며 살아왔다. 싸움이든 놀이든 공부든 승진이든 친구, 동료들보다 앞서기를 희망했다. 경쟁에서 뒤처져 포기하거나 좌절하더라도 그것은 어차피 줄을 세워야 하는 경쟁 순위에서 밀려서일 뿐이지, 잘 하고 싶은 마음이 없어지지는 않았다.

어쩌면 인간은 모두가 완벽주의자인지도 모른다.

어제보다 오늘 더 잘하고 싶고, 다른 사람보다 더 뛰어나고 싶고, 누구보다 더 높은 위치와 많은 재물을 가지고 싶어 한다. 이런 완벽주의는 결국 후회를 불러온다. 과거의 잘못한 일을 되새기고 안타까워한다. 이미 지나간 일이라 아무리 되돌리려 해도 불가능한 일인데도 말이다.

게다가 인간은 본인보다 더 잘난 사람만 비교한다. 본인보다 잘난 사람은 수없이 많기에 비교하면 할수록 더 힘들어진다. 절대로 아래는 쳐다보려 하지도 않고, 높은 지위에 오르고 많은 재산을 가지려고만 한다. 알몸으로 태어난 것처럼 죽을 때 결국 빈손으로 갈 게 뻔한 데도 끊임없이 욕심을 부린다.

줄리아 카메론은 《아주 특별한 즐거움》에서 이렇게 말했다.

> 완벽주의자는 전체 시를 망칠 때까지
> 한 줄의 시구를 고치고 또 고친다.
> 완벽주의자는 종이가 닳아 없어질 때까지
> 초상화의 턱선을 고치고 또 고친다.
> 완벽주의자는 시나리오의 첫 장을 고치느라고

다음 장을 제대로 쓰지 못한다.
완벽주의자는 관객의 눈치를 보면서 글을 쓰고 그림을 그린다.
일을 즐기는 것이 아니라 끊임없이 결과를 저울질한다.
그는 어디로 가고 있을까?
아무 데도 가지 못한다.

우리는 모두 완벽주의 병에 걸려 아무 데도 가지 못하고 있다. 본인 수준에서 최선의 하루를 살고 만족하면 되는데 그러지 못한다. 어제를 후회하고, 오늘을 괴로워하고, 미래를 걱정한다. 어차피 올 것이고, 와도 피할 수 없는 미래의 걱정 때문에 오늘을 헛되이 보내는 것이다.

미래를 생각할 필요 없다. 좋은 미래든, 안 좋은 미래든, 미래는 어차피 닥친다. 그리고 그 미래도 결국 지나간다.

완벽주의는 여행에도 좋지 않다. 우리는 여행의 현실이 우리가 기대한 것에 미치지 못한다는 생각에 익숙해져 있다. J.K. 위스망스의 소설《거꾸로》의 주인공인 데제생트 공작은 여행을 계획했다가 번거로운 여행의 권태에 사로잡혀 역에서 되돌아온다.

데제생트는 파리 교외의 드넓은 별장에 혼자 살다가 어느 날 런던을 여행하고 싶은 욕망이 치솟는다. 영국에 관련된 책을 읽다가 영국인의 삶을 직접 보고 싶은 마음이 강렬해지고 결국 하인들에게 짐을 꾸리라 명령하기에 이른다. 회색 트위드 양복, 레이스가 달린 앵클 부츠, 작은 중산모, 케이프가 달린 외투로 여행자의 복장을 마친 후 기차에 올라타 파리로 향한다.

파리 책방에서 런던 가이드 책자를 사고 런던의 볼거리를 읽으며 달콤한 여행을 꿈꾸던 그는 배가 고파지자 영국인들이 많이 찾는 선술집에 들어갔고 거기서 영국인들을 보며 생각이 바뀌기 시작한다. 런던에 대한 꿈이 현실로 바뀔 시간이 다가오면서 데제생트는 상상하기 시작한다. '실제로 여행을 하면 얼마나 피곤할까, 역까지 달려가야 하고, 짐꾼을 차지하려 다투어야 하고, 기차에 올라타야 하고, 익숙하지 않은 침대에 누워야 하고, 줄을 서야 하고, 약한 몸에 추위를 견뎌야 하고, 가이드에서 본 볼거리를 찾아 움직여야 하고…' 그렇게 그의 꿈은 더럽혀져 갔다. 결국 그는 런던행이 아닌 집으로 돌아가는 기차에 올라탄다.

데제생트만큼은 아니더라도 완벽한 여행을 꿈꾸는 이들이 많다. 익숙한 일상을 벗어날 여행을 걱정하여 많은 시간을 투자해 준비하고 계획을 세운다.

누구나 여행은 서투르다. 그 서투름이 설렘이고 그래서 여행이 즐거운 것이다. 여행에 대해 너무 깊이 고민하지 말고 일단 떠나자. 그러면 모든 게 해결된다.

▶ 딸이 만들어 준 여행 캐릭터 유리공예

여행을 좋아하는 아빠에게 딸이 정성껏 만들어 준 유리공예 작품이다. 여행을 떠나는 아빠의 설레며 홍겨운 뒷모습을 잘 표현했다. 여행은 일 걱정에 사로잡혀 어깨를 축 늘어트리고 힘없이 걷는 모습이 아니라, 모든 걸 훌훌 털어버리고 가방 하나 메고 어깨를 들썩이며 집을 나서는 모습이다. 홍겨운 여행자 위에는 구름 한 점만이 수줍게 걸려 있을 뿐이다.

2

여행이 변했다

일상이 멈춰 버렸다.

그러나 세월은 멈추지 않고 흘러갔다.

코로나바이러스가 기승을 부려도

봄은 오고 새싹은 돋고 꽃은 피었다.

무거운 발걸음

비탈진 언덕을 따라 배나무가 줄지어 있는 과수원, 그곳은 내 어린 시절 삶터이자 놀이터였다. 딸을 과수원집에 시집보내지 말라 할 정도로 과수원은 농사일 천지였다. 가지 전정으로 시작해 배를 솎고 봉지를 싸고 농약을 치고 제초를 하고 수확을 하기까지 일손은 아들, 딸, 며느리를 가리지 않았다.

배 봉지 싸는 일은 가장 고된 작업이었다. 지금은 기술이 좋아 큰 봉지 안에 작은 봉지를 넣어 한 번에 끝나지만 예전에는 소봉, 중봉, 대봉, 세 번이나 봉지를 싸야 했다. 배가 클 무렵이면 여름 내내 농약을 뿌렸다. 풀이 나면 제초제, 비 온 후에는 병해충 약, 일주일에 한두 번씩 분무기가 채워졌고, 내 당번은 농약 줄을 잡아당기는 일이었다.

가을이 된다 해도 그리 즐겁지만은 않았다. 상처 나기 쉬운 배 특성상 조심스레 수확해 상자에 담아 창고에 옮겨 쌓는 일도 고된 작업이었다. 학교가 끝나면 집에 와 농사일을 돕는 게 당연한

방과 후 내 일과였다.

즐거움도 있었다. 봄이면 흐드러지게 핀 배꽃은 개인 정원이었고, 여름에는 원두막을 지어 수박을 쪼개 먹던 낭만, 가을이면 큼지막한 배를 한입 먹고 버리는 사치도 누렸다.

아버지는 추수가 끝날 때까지 병충해와 씨름을 했다. 시간만 나면 과수농협이나 농약 방을 찾아 효능 좋은 약을 적기에 뿌리기 위해 노력했다. 과수는 병충해와의 전쟁, 기억에 남는 적은 깍지벌레였다. 꾸준히 뿌리는 농약, 두세 겹의 봉지, 모든 게 헛수고였다. 깍지벌레는 줄기에 기생하다 가을이면 배 봉지 속으로 기어들어가 배를 갉아 먹었다.

포장을 위해 배 봉지를 벗길 즈음이면 언제나 가슴을 졸였다. 허연 게 눈에 띄는 날이면 그 상자는 전부 낭패였다. 깍지벌레 있는 배가 발견되면 전염성이 강하기에 그 나무에서 수확한 배는 전부 옮은 게 뻔했다. 깍지벌레는 하얗고 벌겋게 배를 덮었고 씻어내도 배는 곰보처럼 울퉁불퉁해 상품 가치가 없었다. 싼값에 팔거나 버릴 수밖에 없었다.

아버지는 매년 깍지벌레 연구에 몰두했다. 배나무 줄기에 기생하기에 겨우내 껍질을 벗겨내기도 했고, 전국을 돌아다니며 약을 구해 뿌리기도 했다. 심한 나무는 아예 잘라버리기도 했다. 그렇게 깍지벌레를 방어하며 과수원을 일궈냈다.

눈에 보이는 병충해도 그러할진대, 요즘 세상을 시끄럽게 하는 코로나바이러스는 어떠할까? 보이지도 않는 바이러스에 인간들은 힘없이 무너져갔다. 이길 수 있는 유일한 방법은, 많은 정보를 얻고 그대로 따를 수밖에. 정보를 무시하고 지키지 않으면 병충해에 과일을 고스란히 도둑맞듯 우리의 삶도 바이러스에 당할 수밖에 없다.

일상이 멈춰 버렸다.

그러나 세월은 멈추지 않고 흘러갔다. 코로나바이러스가 기승을 부려도 봄은 오고 새싹은 돋고 꽃은 피었다.

행렬을 피해 찾은 곳은 시골의 넓은 매화밭이었다. 한겨울을 이겨낸 꽃송이는 꿈틀거리기 시작하고, 살랑살랑 봄바람에 몸을 맡기고 있었다.

시골 과수원과 비슷한 계월마을 매화밭을 거닐며 시름에 잠겼다. 그때는 봄이 되면 동네 아낙들이 그렇게도 과수원을 헤집고 돌아다녔는데, 돌아 나오는 손에는 한 봉지 가득 냉이와 미소가 가득 찼었는데, 매화 향 가득한 과수원은 사람 하나 없이 한적하다 못해 썰렁하기 그지없었다.

세상을 뒤덮은 병마를 이겨내야, 병해충을 막아내고 가을에 풍성한 과일을 수확하듯 다시 일상으로 돌아갈 텐데. 인적 드문 매화밭 길을 걸으니 탐매꾼의 발걸음은 무겁기 그지없다.

▶ 순천 계월마을 매화밭에서 냉이 캐는 아내

인적 드문 매화밭에서 느닷없이 냉이를 캐는 아내의 모습을 보니 그 옛날 시골집 배 과수원에서 냉이 캐던 아낙네들의 모습이 떠오른다. 과수원의 흙은 퇴비와 거름으로 영양분이 많아 봄이면 냉이가 먹음직스럽게 모습을 드러내며 봄 소식을 전한다.

전라남도 순천시 월등면 계월리

익숙해지는 일상

일본 식당에 가면 나무젓가락을 준다. 심지어 고급일식집도 마찬가지다. 일식 하면 고급 요리로 인식되는데 우리나라에서라면 일회용 저렴한 식기로 인식하는 나무젓가락을 주는 게 영 불편했다.

일본인 지인에게 물어보니 당연하다는 반응이었다. 더 위생적인 나무젓가락을 손님에게 제공해야 되지 않느냐는 것이다. 순간 나무젓가락과 쇠젓가락에 대한 관념의 변화가 일었다. 그리고 갑자기 수많은 다른 이들의 입속을 거쳐 간 쇠젓가락에 대한 거부감이 생겼다. 물론 깨끗이 세척하고 소독했을 터.

문화와 관습에 익숙해지면 생활방식을 자연스럽게 받아들인다. 그게 최선이라 믿고 시대와 환경이 바뀌어도 생활방식을 고수한다. 접촉문화에 익숙해져 있던 우리들에게 코로나19 시대는 낯설게만 다가왔다.

박현출 (전)농촌진흥청장은《농업의 힘》에서 인류의 삶은 지리적 요건에 따라 알맞은 생존방식을 택한다고 말했다. 동남아시아는 벼농사 중심, 서아시아와 유럽은 밀과 목축 중심의 농업환경에 맞춰 생활방식과 문화를 만들어 냈다는 것이다. 벼는 밀보다 생산성이 높지만 재배 과정에서 많은 노동력이 필요했다. 즉, 서로 품앗이를 하거나 자연재해에 대응하기 위해서 벼를 주식으로 하는 지역에서는 대체로 인구밀도가 높았다는 것이다.

따라서 제한된 지역에 많은 인구가 집단을 이루며 생활했고, 다수의 안정된 삶을 위해 항상 개인보다 집단이 더 우선시 되었다. 아시아의 집단주의는 좁은 땅에서 벼농사를 지으며 살아야 했던 지정학적 조건에서 자연스럽게 형성된 것이었다.

조상의 땅과 문화를 물려받은 우리는 예로부터 집단주의, 생산주의, 대면주의 등 접촉과 밀집에 익숙해져 있다. 한 장소에 많은 사람이 함께 모이고, 일하고, 소통하며 살아왔다. 시대가 흘러 삶의 방식이 바뀌어 개인주의, 소비주의, 비대면주의의 시대가 되었는데도 우리는 여전히 예전의 생활방식을 고집하고 있다.

모여야 해결되고, 만나야 대화가 되고, 만져야 친밀해진다고만 생각한다. 개인 성향을 중시하는 이들을 받아들이지 않는다. 온라인 교육을 도입하지 않고 화상회의를 불편해한다. 예전의 방식이 더 효율적이라고만 생각한다.

코로나19로 언컨택트의 중요성이 대두되었지만, 실은 진작 변했어야 했다. 바이러스의 공포 때문이 아니라 시대와 환경의 변화, 인간 심리의 변화, 문화와 기술의 진화가 앞서가고 있는데 우리는 과거만을 고집하고 있다.

첫째, 식당 문화를 바꿔야 한다. 입에 넣었던 숟가락으로 찌개를 휘저으며 침을 공유하는 식습관은 없어져야 한다. 그나마 찌개 문화는 앞 접시를 사용하면서 조금씩 바뀌고 있지만 반찬은 여전히 공동으로 먹는다. 되도록 식사는 개인 식판에 개별적으로 제공해야 한다. 탁자에 다닥다닥 붙어 앉아 먹는 것도 여간 불편하다. 좁기도 하고 말하다 보면 침이 음식에 튀겨 위생적이지 못하다. 칸막이는 못 하더라도 1~2인석을 만들고, 좌석도 넓게 배치해야 한다.

둘째, 주차선의 간격을 넓혀야 한다. 좁은 선은 주차하기도 힘들고 다른 차에 흠집을 내게 한다. 차 주인의 부주의도 문제지만 근본적인 이유는 너무 좁은 주차선 때문이다. 주차하기도, 문 열기도 힘들 정도의 주차 간격은 시대가 바뀌어도 변할 줄 모르고 그대로다. 옆 차와의 간격을 넓히기 위해 이중 주차선을 해 놓은 곳을 가끔 보는데, 사장이 누굴까 궁금해질 정도다.

셋째, 대중교통의 좌석을 넓게 해야 한다. 기차를 타면 옆 사람과 공동 팔걸이를 사용해야 한다. 앞 좌석과 공간도 좁아 창문 측 좌석으로 들어가려면 여간 힘들다. 몇 좌석만 포기한다면 승객 모두가 기분 좋고 안락하게 이용할 수가 있을 것이다. 물론 영화관이나 공연장 관람석도 마찬가지다.

코로나19 때문이 아니더라도 이제는 여유 있고 상대방을 배려하는 설계가 필요하다. 한 명이라도 더 받기 위해 고객의 편의는 생각지도 않는 영업방식을 이제는 바꿔야 한다.

이 세 가지는 여행과도 밀접한 연관이 있다. 여유 있고 마음 편한 여행을 위한 조건들이다. 혼자 들어가기 꺼려지는 식당, 좁은 주차시설, 불편한 대중교통은 여행에 방해가 된다.

이 중에서 하나는 확실히 바뀌었다. 바로 혼밥의 시대가 온 것이다. 한국에서는 불가능할 거라 생각했던 혼밥이 일상이 되었다. 식당 환경이 바뀌고 식문화가 바뀌었다. 식탁은 1인석이 되거나 한 방향 식사를 하기도 하고 찌개와 반찬은 개인 식판에 담기도 한다.

불편할 줄 알았는데 오히려 편했다. 오롯이 식사에 전념할 수 있기에 맛을 음미할 수도 있었다. 침 튀긴 반찬을 먹지 않아도 되고, 멋쩍은 사이의 불편한 대화를 걱정할 필요도 없게 되었다.

세상은 개인주의와 언컨택트 시대로 변하고 있는데 우리는 변화에 둔감했다. 온라인 쇼핑, 인터넷 수업이 이미 오래전에 나왔지만, 기존의 오프라인을 고수하며 받아들이지 않으려 했다. '우리가 남이가?'라며 만남과 소통을 강조했다. 그 모든 것이 접촉으로만 가능하다고 생각했다.

코로나19 이후 일상은 변했다. 이제는 익숙해져야 한다.

▶ 칸막이가 익숙해진 구내식당

4명이 앉아 식사하던 식탁을 2인용으로 바꾸고 게다가 가운데에 칸막이까지 놓았다. 사람이 적을 때는 한쪽에만 앉기 때문에 혼자 칸막이를 쳐다보며 식사를 한다. 도란도란 얘기를 나누며 식사를 하던 정겨운 모습은 사라졌지만, 언제부턴가 이게 더 마음 편한 건 왜일까?

관계의 종말

인생은 전쟁터다. 싸워서 이겨야만 살아남는다. 처절하게 싸우다 보면 상대방뿐만 아니라 자신의 몸도 여기저기 상처투성이라는 사실을 발견하게 된다. 남을 이겨봐야 잠시 기분만 좋을 뿐 결과적으로는 그리 좋지 않다. 이겨서 좋은 경우는 운동 경기뿐이다.

어릴 적 친구들과 싸우면 반드시 이기려고만 했다. 진 친구들을 무시하고 괴롭히기도 했다. 내가 잘난 줄만 알았고, 친구들은 나에게 순종하며 따를 줄 알았다. 세월이 흐르니 내 주위에 친구들은 하나둘 사라져 갔다.

이십 대에는 여자친구를 만나면 반드시 주도하려고만 했다. 대화나 스케줄, 모든 것을 결정하고 앞장섰다. 그게 멋있는 남자라 여겼다. 그러면 여자들이 날 좋아해 주리라 믿었다. 수직적인 남녀관계는 부부관계, 가족관계로까지 이어져 소통보다는 지휘를 우선시했다.

직장에서도 동료들을 이기려고만 했다. 개인적이든 업무적이든 지는 것은 자존심을 건드리는 것이었다. 이기고 지는 것은 능력으로 연결된다고 여겼다. 인간관계가 소원해지고 스트레스는 점점 쌓여갔다.

이겨서 남는 게 뭐지?

나 자신에게 물었지만 대답할 수 없었다. 이겼다는 승리감 말고는 아무것도 없었다. 상대의 고통을 생각하니 이기는 것이 허탈해지기까지 했다.

우위를 정하는 것을 관계의 기본으로 둔 결과, 수평적인 관계를 찾으려 하니 아무리 찾아봐도 없었다. 오랜 시간 공을 들여야 만들어지는 그 이상적인 관계는 그 어디에도 없었다.

모든 관계를 정리해야 한다. 지금까지 내가 만든 관계는 대부분 어긋난 수직적 관계들이다. 상대를 진정으로 대하는 수평관계는 없었다. 약간 덜 미안한 건 그들도 마찬가지일 터.

관계도 거리 두기를 해야 한다. 남녀 간에도, 가족 간에도, 동료 간에도 모두 일정한 거리를 유지해야 좋은 관계가 유지된다. 어찌 보면 혼자라는 건 인간의 숙명 아닌가. 일정한 거리를 유지하는 것, 그건 관계를 끊는 것이 아니라 이어가는 방법이다.

관계를 정리하기에는 여행만 한 것이 없다. 나 홀로 여행을 하면 오로지 자연과의 교감만 있으면 된다. 여럿이 여행을 간다면 동등한 관계를 유지해야 하고 서로 배려해야 한다. 그렇지 않으면 그들에게 다음 여행의 스케줄은 없다.

코로나19로 단체여행에서 홀로 또는 단둘이 떠나는 여행으로 변하고 있다. 코로나 때문만이 아니라 여행은 자아를 찾거나 관계를 정리하는 가장 좋은 수단이었다. 사회적 관계나 인간 관계를 벗어나려 떠났던 여행에서 진정한 행복을 찾고 성공한 이들도 많다.

한국 최초의 세계 여행가 김찬삼은 고등학교 지리 선생님이었는데 홀로 세계 여행을 시작했다. 1958년부터 1961년까지 2년 10개월간 59개 나라, 지구 세 바퀴 반의 거리를 여행하더니 결국 3번의 세계 일주, 20차례 총 160여 개 나라 1,000여 개 도시를 여행한 한국인 최초의 세계 일주 여행가였다. 세계 여행을 주제로 수많은 책을 저술하기도 한 그는, 여행을 통해 진정한 인생의 가치를 찾고 의미 있게 인생을 즐긴 여행가였다.

갑자기 인생에 1년만 지각하겠다는 선전포고를 하고 홀로 세계 여행을 떠난 이도 있다. '앞만 바라보며 달리는 삶'을 포기하고 자신의 인생을 멋지게 살아보겠다며 잘 다니던 회사에 사표를 던졌다. '여행자 MAY'라는 이름을 짓고 베트남을 시작으로 캄

보디아, 태국, 인도, 네팔, 이집트, 모로코, 스페인 등 30개국 60개 이상의 도시를 300일간 유랑했다. 지구를 정복하겠다거나 길 위에서 인생을 깨우치겠다는 거창한 목적이 아닌 소소한 지구 산책을 나선 그녀는 여행과 일상을 주제로 유튜브 크리에이터로 활동하며 여행에 대한 도전을 이어가고 있다.

《설레는 건 많을수록 좋아》 여행 에세이를 펴낸 여행작가 김옥선과 김수인은 콜 센터에서 만나 세계 여행을 하면서 직업 여행가로 변신했다. 콜 센터에서 일하다가 스트레스가 쌓였을 때, 수인 씨가 멜버른행 항공 티켓을 내밀며 같이 여행 가자고 제안한 것이 시작이었다. 과감히 직장을 때려치우고 무작정 떠난 여행 영상을 페이스북에 올리면서 대박이 터졌고, 여행 유튜브 채널 〈청춘여락〉을 운영하며 여행 전문가로 탈바꿈했다.

우리는 각자 모두 인생의 여행자다. 자신이 주인공이고 남들은 모두 조연일 뿐이다. 남들과 경쟁하려 들지 말고 일정한 거리를 유지하며 나만의 여행을 즐기자. 인생도 여행처럼 그렇게 가자.

▶ 나주 금성산 생태숲

나 홀로 떠난 여행에서도 친구는 있다. 꽃, 나무, 호수, 새, 자연의 모든 것들이 여행의 동반자다. 여행하다 힘이 들 때는 가만히 벤치에 앉아 그들의 속삭임을 들어보자. 그들은 적당한 거리에서 나에게 친구하자고 손을 내밀 것이다.

전라남도 나주시 노안면 금안2길 207-161

일그러진 배려

정조 임금은 1789년 사도세자의 묘를 수원으로 옮겼다. 후속 조치로 묘 주변에 사는 백성들에게 10년간 세금을 면제하고, 게다가 수원으로 가는 참배 길 인근은 1년 치 세금을 감면하는 파격적인 인센티브를 제공했다.

참배 길에는 가장 큰 걸림돌이 있었다. 바로 한강을 건너는 것이었는데, 왕이 강을 건너는 행위는 절차와 방법이 매우 복잡한 일이었다. 이듬해인 1790년 정조는 직접 '주교지남舟橋指南'이라는 아이디어를 내었는데, 배를 이어 그 위에 다리를 놓는 방법이었다.

그렇게 정조가 한강을 건너 수원에 참배를 갈 때마다 배다리는 만들어졌다. 용산에서 노량나루까지 800여 척의 배를 늘어놓고 그 위에 송판을 얹어 만든 임금의 행차만을 위한 임시다리였다. 대공사라 배다리를 관리 · 운영하는 관청인 주교사가 설치되기도 했다.

정조는 자신의 행차로 불편을 겪는 신하들을 배려하기 위해 편리한 아이디어를 냈을 터다. 그런데 그 아이디어는 되레 다리 공사가 시작되고 철거되기까지 더 큰 민폐를 끼쳤다. 한강의 배를 거의 다 징발했기에 일시에 한강 수운이 정지되었고 뱃삯으로 생계를 유지하는 사공들, 나루터 객주들, 인근 상가들은 불경기에 시달렸다.

정조는 몰랐을 것이다. 신하와 백성들이 편해졌다고만 생각했을 것이다. 임금님의 아이디어로 백성들이 편해졌다고 좋은 결과 보고서만 그의 귀에 들어왔을 것이다.

살아가면서 우리는 자신도 모르게 남에게 많은 피해를 끼치며 살아간다. 알면서 일부러 끼치기도 하지만, 대부분 모르고 하는 경우가 많다. 사회적 관습과 몸에 밴 습관 때문이다.

예전엔 몰랐던 행위들이 최근에는 신경 쓰이기 시작한다. 그동안 남들에게 폐를 끼쳤던 것들이 후회되기도 한다. 깨달으면서도 어쩔 수 없이 또 반복하게 되지만 이제는 마음이 편치 않다. 내 행위가 남들에게 폐를 끼치는 것은 아닐까 되돌아보게 된다.

내 고향 평택 아파트 인근에도 배다리 저수지가 있다. 가깝고 공원처럼 잘 꾸며져 있어 산책하기 그지없는 장소다. 이제는 아파트도 주변에 공원을 조성하고 나무와 꽃들을 심어 친환경적으로 건축한다. 어쩌면 시골보다도 도시의 자연이 더 아름다운 면도 있다. 인간의 창작과 디자인을 더했고, 게다가 주기적으로 청소와 관리를 하기에 그렇다.

택지개발을 할 때 예전 같으면 저수지 따위는 메워서 토지를 더 많이 확보했을 터인데 이제는 그러지 않는다. 저수지, 연못, 산, 나무, 바위 등 기존 자연을 그대로 살리고 이용한다. 더 멋있게 꾸미고 사람들이 편리하게 이용하고 구경할 수 있도록 조성한다.

배다리 저수지의 물은 아파트 단지들을 돌아가며 생태공원을 만든다. 저수지 물은 아파트 주변을 따라 냇가를 이루고, 아파트는 주차장을 지하로 한정하고 단지 안은 차가 없는 정원으로 만든다. 주택과 자연이 하나 된 친환경 주거 지역이다.

도시를 친환경으로 조성하고 아름다운 자연경관을 꾸민다고 즐거운 산책이 보장되는 건 아니다. 산책하다 보면 별 사람들을 다 만난다.

가장 눈에 많이 띄는 것은 스피커를 틀어놓는 사람이다. 본인은 좋아하는 음악이겠지만 남들에겐 소음일 뿐이다. 남들도 좋아하겠지 하는 어긋난 배려거나 자기 중심적인 사람이다. 음악을 들으면서 걷고 싶다면 이어폰을 구입하면 된다.

두 번째는 좁은 길을 모두 차지하며 걸어가는 사람들이다. 동료들과 이야기하며 걸어야 하니 어쩔 수 없이 나란히 걸어야 하지만 마주 오는 이들에게는 피해를 준다. 게다가 크게 떠들거나 욕을 서슴치 않는 경우도 있다. 맞은편에서 사람이 오면 되도록 한쪽으로 걸으면서 통행을 터 줘야 한다. 코로나19 시대이니 더욱 상대방과 거리를 유지하고, 대화도 자제해야 한다.

세 번째는 펫티켓Pet+Etiquette을 지키지 않고 애완견과 산책하는 사람들이다. 사람에게 다가가도 댕기지도 않고 미안해하지도 않는다. 본인은 귀여우니까 다른 사람들도 똑같겠지 하며 착각하는 것이다. 변이나 오줌을 싸도 처리하지 않는다. 그 풀밭에서 아이들이 뛰어논다.

유엔무역개발회의UNCTAD는 2021년 7월 한국의 지위를 개발도상국에서 선진국 그룹으로 변경했다. 이러한 사례는 한국이 처음이라 한다. 일제강점기와 6.25 전쟁으로 후진국에서 벗어나지 못할 거라고 예언했던 세계 전문가들을 보기 좋게 한 방 날린 것이다.

이제 남은 건 시민의식의 선진화다. 상대방을 배려하는 마음, 한 번쯤 내 행위가 어떨 영향을 미칠까를 생각해 보는 마음을 가진다면 한결 즐거운 여행이 되지 않을까?

▶ 배다리 저수지 야간 산책

집 근처에 배다리 저수지가 있다. 평택은 해발고도가 낮아 평평한 땅에 연못이 많다고 하여 평택平澤이라는 지명이 되었다. 지대가 낮아 예전에는 곳곳이 저수지와 바다였다. 예로부터 내려온 저수지를 그대로 살려 아파트 단지를 지었다. 저수지 둘레로 데크 길이 조성되어 있어 야간에도 산책하기 좋다. 도시는 잘 가꿔진 자연으로 더욱 인간이 여행하기 편리한 곳으로 바뀌고 있다. 그 안에 아름다운 우리의 마음이 담긴다면 더욱 멋진 여행이 되지 않을까?

경기도 평택시 죽백동

수국처럼

"앗, 뜨거!"

점원을 도와주려던 게 화근이었다. 백반 쟁반에서 공기밥을 집어 들다 깜짝 놀랐다. 밥그릇에 손가락이 쩍 들러붙는 느낌이었다.

"엄청 뜨겁죠? 한번 만지면 뜨거움이 십 년 가요."

점원은 이런 일이 자주 있는 일인 양 미소를 띠며 미리 준비한 대답처럼 자연스레 말했다.

수목원 못 미처 조그만 시골식당에서 배를 채우고 다시 수목원으로 향했다. 한적한 시골길은 수목원을 드나드는 차량들로 갑자기 번잡해졌다. 구부러진 길에서는 반대편 차를 피하려 속도를 줄여야만 했다.

주차장에 이르자 주차 요원이 안내할 정도로 차들로 빼곡했다. 열 체크를 하고 들어가니 무인발매기까지 있는 것이 손님들이 꽤 오는 듯했다.

입구에 들어가자마자 형용색색의 수국들이 눈앞에 펼쳐졌다. 빨간색, 파란색, 보라색, 노란색, 전부 다른 꽃들인 양 색깔이 달랐다. 그런 꽃들로 뒤덮인 산책길이 산속으로 이어졌고, 사람들은 몇 발 내딛다가 사진찍기를 반복하곤 했다.

포레스트 수목원은 숲이라는 뜻의 forest에 별star, 기암괴석stone, 이야기story, 배울거리study라는 4개의 'st'를 즐길 수 있는 수목원이라는 의미를 담아 이름을 지었다. 계절별로 다양한 꽃들로 축제를 여는데 여름에는 수국 축제가 열린다.

수국은 토양의 성질에 따라 색을 달리한다. 초기에는 녹색이 약간 들어간 흰 꽃이었다가 점차 밝은 청색으로 변하고 나중에는 붉은 기운이 도는 자색으로 바뀐다.

토양이 강한 산성일 때는 청색을 많이 띠게 되고, 알칼리 토양에서는 붉은색을 띤다. 토양의 농도는 일정하지 않기에 뿌리 길이에 따라서도 색채가 다르고, 시간의 흐름에 따라서도 색이 변한다. 마치 리트머스 종이처럼 색이 변하는 수국, 그래서 '변덕, 변심'이라는 꽃말을 지닌다.

우리는 성격이나 품성이 나이 들어서도 변하지 않는 한결같은 사람을 높게 평가한다. 물론 변하지 않는 사람도 간혹 있겠지만 대부분은 변한다. 자신도 모르게 변한다. 태생적 성격을 핑계로 바뀌지 않았다고 생각하지만 착각이다. 경험과 관계를 거치며 우리는 서서히 변해간다.

나이가 들어서도 만화만 보겠다고 다짐하던 내가 지금은 뉴스를 더 좋아한다. 남에게 지기 싫어할 정도로 자존심 강했지만 사회와 가정에서의 갈등을 겪으면서 무뎌진다. 세월이 흘러 중년이 되자 가치관이 변하고 성격도 변한다.

변하지 않는다면 세상에 적응하지 못하는 것이다. 그리고 성장하지 않은 것이다. 환경에 맞춰 변하는 수국처럼 우리도 변할 수밖에 없다. 그래야 세월의 풍파를 견딜 수가 있다.

공기밥의 뜨거움이 변하지 않고 10년을 간다면 큰일이다. 입속으로 삼키지도 못할 것이고 들어간다 해도 뱃속에서 난리가 날 것이다. 체온에 적당히 녹아들어 몸속으로 흡수되어야 영양분이 된다.

점원은 아마도, 먹을 때 조심하라고 뜨거움을 강조했을지도 모른다. 아니면 어차피 식을 것이니, 걱정 말라고 농담을 던졌는지도 모르겠다.

▶ 해남 포레스트 수목원에서

토양의 성질에 따라 색을 달리하는 수국을 보면 초등학생 시절 리트머스 종이에 산성, 알카리성 테스트를 하던 게 생각난다. 환경에 적응력이 좋은 것과 변덕이 심한 것, 평가는 극과 극이지만 어찌 보면 그게 이중적인 우리 인간의 본 모습이지는 않을까?

전라남도 해남군 현산면 봉동길 232-118

분노의 시대

분노의 시대를 살고 있다. 사회가 다변화되고 도시화, 산업화가 진전됨에 따라 사건 사고가 많아지고 있다. 개인적인 일에도 분노하는 것은 물론 사회정치적 일에도 분노하는 경우가 늘고 있다.

LH 사태에서 극에 달한 부동산 불법 투기는 국민들에게 많은 분노를 느끼게 했다. 아쉬운 건 그 분노가 공분公憤이 아닌 사분私憤이라는 것이다. 사분은 나는 해도 되고 남은 안 되는 '내로남불'이다. 우리는 모든 투기에 대해 공분해야 한다. LH 직원 등 일부 사람들의 투기만이 문제라고 생각한다면 본질적인 해결이 안 된다.

주거를 위한 아파트 구매, 농사를 위한 농지 구매 등 본래의 목적이 아닌 투기 목적으로 부동산을 사서 이득을 보고 되파는 행위는 공정한 사회를 저해한다. 투기는 재력과 정보가 많은 부자와 권력자들의 전유물이 될 것이고 평범한 서민들에게 허탈감을 안겨주는 행위가 될 것이다.

김윤상 경북대 명예교수는 부동산 투기는 전 국민이 언제라도 감염될 수 있는 팬데믹이라고 했다. 부동산 불로소득에 대한 강도 높은 환수정책이 없는 한 근본적 대책이 아닌 땜질 처방이 될 것이라 했다. 꿀에 개미가 꼬이면 꿀을 치워야 하는데 꿀은 놔두고 개미들에게 이름표만 붙이는 식이라는 것이다.

공사, 공무원 등 특정 집단만 투기를 제재하는 것도 불가능한 일이다. 우리 사회는 하나다. 모두가 연결되어 있고 개방되어 있다. 아버지는 공무원이지만 아내는, 자녀는, 부모는, 친척은 일반인이다. 어느 직종만 전혀 다른 사회를 살아갈 수 없는 구조다.

국가 간의 분쟁이나 인종 차별이 그런 것이다. 인류는 하나인데 각각의 국가로 나뉘어 있으므로 다른 인류라 생각한다. 이미 세계는 하나이고, 여행, 이민 등으로 섞여 있다. 그렇다면 지구를, 인류가 사는 하나의 세상이라 생각한다면 차별적인 생각이 통하지 않는다.

코로나19로 어디를 가나 열 체크를 한다. 바이러스가 몸에 들어오면 우리의 몸은 반응한다. 바이러스를 죽이려 열이 나기 시작한다. 감기가 들면 발열하는 이치다.

분노도 마찬가지다. 분노를 하면 흥분되고 화가 나고 열이 난다. 소화도 안 되고, 잠도 안 오고, 몸이 이상해진다. 특히 공분이 아닌 사분이면 그 분노는 극도에 달해 범죄를 저지르기까지 한다.

분노가 차오르면 바이러스 방역처럼 열 체크를 하고 치료를 받아야 한다. 그러나 그 치료는 자신밖에 할 수 없다. 바이러스에는 치료제가 없듯 분노도 마찬가지다. 보이지 않는 병은 스스로 방어하고 치료하지 않으면 안 된다.

분노가 치밀어 오를 땐, 산에 올라 크게 한번 심호흡하자. 그리고 이렇게 생각하자.

'결국 내 몸만 상하지. 뭐가 그리 중요해, 지나고 나면 별거 아닌데.'

▶ 화순 백아산에 올라

희끗희끗한 바위들이 많아 멀리서 보면 흰색거위들이 옹기종기 모여 있는 것 같다고 하여 백아산白鵝山이라 한다. 바위들이 많은 만큼 등산은 만만하지 않다. 거친 숨을 몰아치며 올라가면 탁 트인 시야로 멋진 풍경이 펼쳐진다. 곳곳에 있는 바위에 기대 숨을 고른다. 그리고 아래 세상을 내려다 본다. 그러면 이런 생각이 든다. '내가 저기서 무슨 생각을 했지?'

전라남도 화순군 백아면 용곡리

3

여행에서 배우는 지혜

억새밭에서 욕심을 내려놓는다.

그저 내게 주어진 양에 만족하자.

돈, 지위, 모두 내게 주어진 표준 양이 있을 터.

딱 그만큼만 취取하자.

태양을 피하고 싶어서

'태양을 피하고 싶어서 아무리 달려봐도
태양은 계속 내 위에 있고.'

가수 비의 〈태양을 피하는 방법〉이라는 노래 가사다. 결국 태양을 피하는 방법을 찾지 못하고 노래는 끝난다.

그렇다. 아무리 피하고 싶어 달리고 숨어도 결국 우린 태양 아래에 있다. 제주 여행에서 돌아오는 길, 시속 700km로 달리고 있다는 기장의 안내 멘트가 들린다. 자동차와 비교해 보면 엄청 빠른 속도일진대, 그럼에도 불구하고 비행기는 태양을 벗어나지 못한다.

조그만 창문 밖 너머로 태양은 여전히 이글거리고 있다. 가까이 다가가서 그런지 더 뜨겁게 느껴진다. 문득 반대로 아래 세상을 내려다보니, 아름다운 금수강산이 드넓게 펼쳐진다. 강산은 푸르름이 한층 더해가고, 바다는 수많은 섬이 어우러져 드론으로 찍어야만 볼 수 있는 멋진 풍경이 펼쳐진다.

그 안에 담긴 우리 인간들, 한 명이라도 보일까 눈 씻고 쳐다봐도 결코 보이지 않는다. 고도 10km 정도를 올라오니 모습조차 보이지 않는 그저 한낱 초라한 미물이었던 것이다.

어릴 적부터 친구, 동료, 선후배들과 끊임없이 경쟁하며 살아가야 했던 우리들이다. 뒤처진 이들을 무시하고 어떻게든 앞서가려고 노력했다. 그렇게 해야만 경쟁 사회에서 살아남는다고 배웠고 배운 대로 실천했다.

이런 우리들의 모습이 진정 인간을 창조한 신이 바라던 모습일까!

'2대8 법칙'이 있다. 개미를 자세히 관찰하면 20%만 열심히 일하고 나머지는 그냥 왔다 갔다 한다는 것이다. '그래, 동물이나 인간이나 소수만이 열심히 일하고 노력하는구나!' 그 소수만이 사회를 이끌어가는 엘리트들이고 나머지는 보탬이 안 되는 능력 없는 한심한 부류라고 생각했었다.

어느덧 나이가 들어 다시 생각해 보니 내 생각이 틀렸음을 깨닫는다. 상대방을 이기고 나만 성공하기만 하면 된다는 경쟁을 부추기는 사회가 만들어 낸 일그러진 생각에 반항이 인다.

우리 모두는 각자에게 주어진 삶을 살아간다. 한번 부여받은 허무하지만 소중한 인생을 나름의 방식과 능력대로 살아가는 것이다. 열심히 살든, 놀며 살든, 성공하든, 실패하든, 모두 그들만의 인생이고 그렇게 모여 인류라는 종족이 되는 것이다.

수많은 패배자를 만든 일인자의 인생만이 값진 것은 아니다. 피라미드와 같은 경쟁 사회에서 위에 있는 소수만이 중요하고 성공한 인생이라면 그 아래 다수를 차지하는 수많은 인생이 너무 허무하지 아니한가!

능력이 부족하거나 그냥저냥 평범하게 사는 인생들도 모두 값진 것이다. 또한 그들 입장에서 보면 아등바등 나름 열심히 사는 것이다. 남들이 알아주지 않거나 빛을 내지 못했을 뿐이다.

80%를 차지하는 이리저리 왔다 갔다만 하는 개미들, 그들도 나름대로 최선을 다하며 사는 것이다. 특별히 뭘 해야 될지 몰라서 그럴 수도 있고, 힘이 부쳐 그럴 수도 있고, 능력이 부족해 그럴 수도 있고, 아니면 일부러 그럴 수도 있지만, 그 모든 개미가 모여 종을 이루며 살아가는 것이다.

우리 인간들도 개성과 능력이 제각각인 인생들이 모여 인류를 이루며 살아간다. 그 어떤 뛰어난 인간이라도 태양을 피할 수 없는 약한 존재일 뿐이고, 앞서고 뒤서고 아무리 경쟁해봐야 위에서 내려다보면 개미와 같이 그냥저냥 왔다 갔다 하는 보잘것없는 존재일 뿐이다.

게다가 상공으로 조금만 올라가면 흔적조차 보이지 않는 아주 미미한 존재가 바로 우리 인간들이다.

▶ 제주도 여행 후 돌아오는 비행기 안에서

비행기에서 바라보면 내가 살던 지구에 사람은 없다. 저 먼 우주에서 바라본다면 지구 또한 보이지도 않는 작은 티끌이겠지. 그 안에서 스트레스 받으며 삶과 싸우는 나 자신이 한심스럽기도 하고, 한낱 먼지 같이 보잘것없는 내가 이렇게 잘 살아가는 게 대견스럽기도 하다. 알랭 드 보통이 말했지, 인생에서 비행기를 타고 하늘로 올라가는 몇 초보다 더 해방감을 주는 시간은 찾아보기 힘들다고. 그래서 돈 많은 부자가 수억 원을 우주여행에 기꺼이 투자하나 보다.

다음 여행의 기대

인간의 뇌는 목적 없는 삶을 견딜 수 없다고 에릭 클링거는 말했다. 목적 있는 삶이란 무엇일까? 정녕 삶의 목적이 있다면 평범한 삶을 살아가는 보통 사람들의 인생은 너무 허무하지 않을까! 목적 있는 삶을 산다 하더라도 그럼 목적을 성취하고 난 뒤에는 어떻게 해야 하나! 답 없는 물음, 머리 좋은 학자들이 붙인 부질없는 이론이라 비약해 버린다.

삶이란 무엇인가? 젊었을 때는 잠들기 전 가끔씩 삶에 대해 깊이 고민하곤 했다. 내가 왜 태어났고, 무엇 때문에 살아갈까? 살아 숨 쉬는 이 세포, 심장, 근육, 피부, 이 신비한 인체 시스템의 정체는 무엇일까?

그리고 가장 궁금한 한 가지, 과연 죽으면 나는 어떻게 될까! 죽으면 내 생각이 없어지고, 내 존재가 없어지고, 그래도 세상은 아무 일 없다는 듯 돌아갈 텐데. 그럼 난 무언가? 내가 없는 세상, 아니 내가 없기에 생각할 수도 없는 세상, 파고들면 들수록 이해

되지 않고 더 꼬여가는 의문 속에 잠들곤 했다.

풀리지 않는 수수께끼, 결국 '삶은 정답이 없다.'라고 스스로 단정해 버린다. 그 누구도 신이 아닐 텐데 어찌 삶을 논할 수 있나. 논한다 해도 개인적 견해일 뿐 그 또한 정답이 아닐 것이라 판단해 버린다.

정답이 없다면, 우리가 생각하는 것들은 정답일 수도, 오답일 수도 있다. 그럼 나만의 이론을 만들어보면 어떨까?

삶이란 반복된다는 가정을 해 본다. 우리의 삶은 절대로 한 번뿐이 아닐 것이다. 어찌 이 미묘한 삶, 생명, 우주, 풀려고 해도 절대 풀리지 않는 이 오묘한 신비를 단편적인 삶으로 단정 지을 수 있겠는가! 분명, 우린 같은 종이든 다른 종이든, 생물이든 무생물이든, 지구든 다른 우주든, 반복되는 또 다른 삶이라는 굴레를 돌고 돌 것이다. 어쩌면 영화의 한 장면처럼, 전생의 삶을 반성하고 새롭게 고쳐가는 삶을 살아가는지도 모른다.

세상은 발전을 거듭해 왔다. 인간은 같은데 세상은 점점 나아졌다. 분명 인간은 새롭게 태어나 전생보다는 나은 삶을 살고 또 죽고 태어나길 반복해 가는 결과일 것이다. 그렇다면, 오늘 불만족스러운 삶을 살고 있다면, 분명 다음 생에는 더 좋은 삶으로 태어나리라는 희망이 생긴다.

삶이 따분해도, 별거 없어도, 재미없어도 실망할 필요 없다. 오늘 만족스럽지 않아도 실망할 필요 없다. 오늘 불만족스런 삶은, 그래도 지난 삶보다는 나아진 삶이리라. 다음에 이어질 삶은 분명 오늘보다는 나은 삶이리라.

철학자 들뢰즈는 생명의 삶을 '반복을 통해서 생성되는 차이'로 정의했다. 우리의 정신과 신체는 반복되는 동안만 차이를 생성할 수 있다고 했다. 반복이 없으면 차이도 발전도 없다.

자연은 봄으로 시작해, 여름 한창을 보내고, 가을 황혼을 만나, 겨울에 생을 마감한다. 그리고 또다시 계절은 찾아오고 반복된다. 우리의 삶도 분명 그렇게 반복되리라. 이번 여행이 만족스럽지 못했다면 다음 여행은 분명 더 나을 거야. 그렇게 다음 여행을 기대하면 된다.

▶ 5.18 최후 항쟁지였던 (구)전남도청

'그날의 나라면 남을 수 있었을까?' 그 해답을 찾기 위해 광주를 찾았다. (구)전남도청은 5.18 최후 항쟁지였다. 계엄군의 최후통첩으로 도청 앞 분수대 광장에서 시민군은 마지막 연설을 하고 결사항전과 자진해산의 갈림길에 놓인다. '집으로 돌아갈 사람은 가라'는 말에 돌아간 이도 있고 남은 이도 있고 돌아가다 되돌아온 이도 있었다. 그들의 선택으로 도청에서의 마지막 항전은 시작되었고 1시간도 채 안 돼 계엄군에 제압당하고 말았다. 그렇게 5.18은 끝났다. 그리고 40여 년이 지난 지금, 우리는 자유민주주의 시대를 살아가고 있다.

내가 선택한 페르조나

내 기억 속 눈 오는 날은 놀이동산에 가는 날과도 같았다. 친구들과 아침 일찍부터 뒷동산에 올라 눈싸움으로 시작해 눈사람도 만들고 눈썰매도 타며 하루 종일 눈과 함께했다. 손발이 꽁꽁 얼어도 지칠 줄 모르고 신나게 놀았다.

나이 들어 직장을 다니면서 눈에 대한 아름다운 추억은 서서히 사라져갔다. 눈이 내리면 우선 출근길이 걱정이었다. '차가 얼마나 막힐까, 사고 나면 어쩌지, 퇴근도 걱정이네.' 눈은 단지 출퇴근을 가로막는 애물단지에 불과했다.

구름을 이루고 있는 수증기가 지름 0.2mm 이상의 물방울이 되어 지상으로 떨어지는 것을 '비'라 한다. 비는 그다지 좋은 이미지는 아니지만 비가 내리면 세상은 깨끗이 씻겨 내려간다. 마른 땅에 수분을 공급해 식물을 키운다. 보이는 이미지와는 다르게 실질적으로는 좋은 일을 많이 한다. 인간으로 치면 숨김없이 다 보여주며 겉보다 속이 더 아름다운 사람이다.

온도가 내려가면 구름 속 알맹이는 얼음이 된다. 얼음에 수증기가 달라붙으면 점점 커지고 땅으로 떨어지기 시작한다. 하늘에서 떨어지는 과정에서 서로 엉겨 붙어 눈송이를 이룬다. 단지 온도의 차이로 구름은 비와 눈으로 갈리게 되는 것이다.

눈송이가 되어 떨어지는 하얀 눈은 비와는 사뭇 분위기가 다르다. '첫비'라는 단어는 없지만 '첫눈'은 있지 않은가? 겨울, 연말, 크리스마스와 어울려 사람들의 사랑을 받는다. 그러나 눈은 시간이 지나면서 많은 불편을 초래한다. 도로가 얼어 교통 정체를 일으키고 녹으면서도 도로를 지저분하게 한다. 비와는 달리 쌓이기에 건물이 무너지기도 한다. 인간으로 치면 속에 뭔가 꿍꿍이를 감추고 겉으로는 상냥하게 행동하는 사람이다.

인간은 어리석다. 그런 가식적인 행위에 잘 속고 보이는 게 전부라 믿는다. 속은 시커멓더라도 겉으로는 번지르르한 사람을 좋아한다. 속는 걸 알면서도 본능적으로 그런 사람을 좋아한다.

그런 심리를 '페르조나'라 한다. 고대 배우들이 쓰던 '가면'에서 유래한 용어인데, 세상에 대처하기 위해 개인이 쓰는 '사회적 가면'을 의미한다. 겉과 속이 다른 인간이다.

누구나 페르조나가 있다.

본 모습을 감추고 남들에게는 좋게 보이려 노력하는 것이다. 연예인이나 정치인에게 많이 보이는 현상이지만 정도의 차이가 있을 뿐 일반인도 마찬가지다.

우리는 모두 남들에게 좋은 평가를 받기 원한다. 착하고, 예의 바르고, 성실하고, 똑똑하게 비추길 바란다. 그렇지 않은 본 모습이 들키지 않길 바란다.

인생은 페르조나의 연속이다. 본 모습을 들키지 않으려 부단히 노력하며 그로 인해 스트레스에 시달린다. 그 스트레스에 시달리는 모습을 또다시 가면으로 감추며 겉으로는 행복한 척 살아간다.

부질없는 짓이다. 남들의 평가 따윈 중요하지 않다. 왜냐하면 사람들은 모두 페르조나에 빠져 있기에 그들도 모두 남들을 의식하며 살기 때문이다. 다들 남들에게는 관심 없는데 서로가 서로를 의식하며 착각 속에서 가면을 쓰고 살아간다. 상대방의 지저분한 얼굴을 보고 자기 얼굴을 만지는 것과 같다.

그렇게 우리는 인생을 스스로 낭비하고 있다. 남들은 신경쓰지 않는데 본 모습을 들키지 않으려 애쓰며 살아간다. 아무리 가면으로 가려도 소용없다. 가면 속 모습은 누구나 똑같기에 가려도 보인다. 다만 보여도 안 보이는 척할 뿐이다.

눈을 맞이하는 우리의 마음도 그렇다. 겉은 깨끗하고 아름다우나, 속은 더럽고 지저분하다는 걸 안다. 그러나 모른 척한다. 눈의 가식을 알면서도 우리는 매년 첫눈을 기다린다.

첫눈을 기다리는 마음, 그래서 우리는 페르조나를 버리지 못하나 보다. 가면을 싫어하면서도 그 가면을 써 주길 은근히 기대한다.

▶ 나주에 첫눈 온 날

나주 혁신도시 아파트에서 바라본 눈 덮인 아침, 눈으로 새하얗게 덮여가는 세상을 바라보면 기분이 묘하다. 우리의 마음도 눈처럼 깨끗하게 세팅되면 어떨까. 그러나 멋진 풍경도 잠시, 저 눈을 헤집고 출근할 걸 생각하면 가슴은 답답해져 온다.

나 여기 있어

"운전 조심해라?"

어릴 때부터 나이가 든 지금까지도 반복되는 어머니 말씀이다. 지금은 저항이 덜 하지만 예전만 하더라도 흘려듣거나 따지기도 부지기수였다.

"내가 알아서 할게."

지금같이 운전 문화가 어느 정도 정착된 시대에 나만 운전 잘하면 무슨 사고가 나느냐며 괜한 신경 쓰지 말라는 말투였다.

「무사고는 안전운전이 아니라 방어운전」

이 말을 이해하기까지 참 많은 세월이 흘렀다. 예전에는 안전운전 개념만이 자리 잡았었다. 나만 신호 잘 지키고, 규범 준수하면 사고는 없을 거라는. 세상은 그런 사람들로만 구성되어 있는 줄만 알았다. 다들 자기 위치에서 법과 기준을 지키며 행동한다고 생각했다.

나 혼자만 안전운전 한다고 해서 교통사고가 일어나지 않는 것은 아니다. 내가 안전운전을 했다고 가정했을 때, 상대방도 안전운전을 했다면 절대 사고는 일어나지 않는다. 사고는 상대가 불안전운전을 했기에 일어나는 것이다.

평범한 진리를 망각했었다. 아니 생각하려 들지 않았다. 다들 나처럼 안전하게 운전하겠지 착각했다.

사고는 이렇게 일어난다. 상대방이, 신호를 어기고 지나갈 때, 깜빡 졸음운전을 했을 때, 음주운전을 했을 때, 타이어가 펑크 나서 핸들이 돌아갔을 때, 즉 사고는 상대방 차가 비정상적인 상황으로 운전했을 때 일어난다.

퇴근하던 길, 뒤쪽에서 오던 좌회전 차에 하마터면 치일 뻔했다. 아파트 안에 있는, 차와 사람이 섞여 통행하는 길에서였다. 차와 몇 센티도 안 되는 상황에서 반사적으로 뒷걸음질 쳐 간신히 사고를 면했다. 예기치 않는 상황에 다리가 후들거렸다.

상대방은 T자형 도로에서 오른쪽에서 오는 차만 신경 쓰다 왼쪽에서 걷고 있는 나를 보지 못했다. 난 내가 앞서가고 있었기에 당연히 그 차가 나를 보고 멈출 거라 생각하고 내 갈 길만 갔다.

상대가 정상적으로 운전하리라 예단했던 것이다. 사고를 방지하려면 안전운전이 아닌 방어운전을 해야 한다. 상대방이 기준을 어길 수 있을지도 모른다고 가정하며 행동해야 한다.

여행자 MAY가 만난 하노이는 온통 뿌연 매연의 도시였다. 매연으로 목이 따끔거리고 코에 먼지가 가득 찰 정도라고 한다. 셀 수 없을 만큼 많은 차와 오토바이, 그들을 뚫고 무단횡단을 해야 하는 상황, 그녀는 그 길을 건너려면 마음의 준비를 단단히 해야 한다고 회상했다.

그러던 그녀가 커피 한 잔을 마시며 야외 테이블에 앉아서 그 도로를 멍하니 쳐다본 적이 있다고 했다. 빵빵대는 경적 소리에 짜증이 나 이어폰을 귀에 꽂으려는 순간, 문득 운전사의 얼굴이 눈에 들어왔는데, 이상하게도 표정에 불쾌함이나 짜증이 없었다는 것이다. 자세히 살펴보니 도로 위 모든 운전자와 보행자의 표정이 마찬가지였다.

그때야 여행자 MAY는 깨달았다. 그들의 경적 소리는 '빨리 가!'가 아닌 '나 여기 있어'라는 의미였다는 사실을. 즉 그들은 방어운전을 위해 서로에게 사인을 보내고 있었던 것이다. 나도 조심할 테니 너도 조심하라는 메시지를 보내고 있던 것이다.

차뿐만 아니라 사람과의 관계, 자연과의 관계, 모든 것이 마찬가지다. 나만 잘 지키고 산다고 사고가 일어나지 않는 건 절대 아니다. 사고는 항상 어느 누군가의 잘못된 행동에서 일어나는 것이다.

'운전 조심해라'는 어머니의 말씀은 내가 아닌, 다른 이의 실수를 조심하며 방어적으로 살라는 말씀이었다. 어르신 말씀이 옳다는 것은 언제나 뒤늦게 깨닫게 된다.

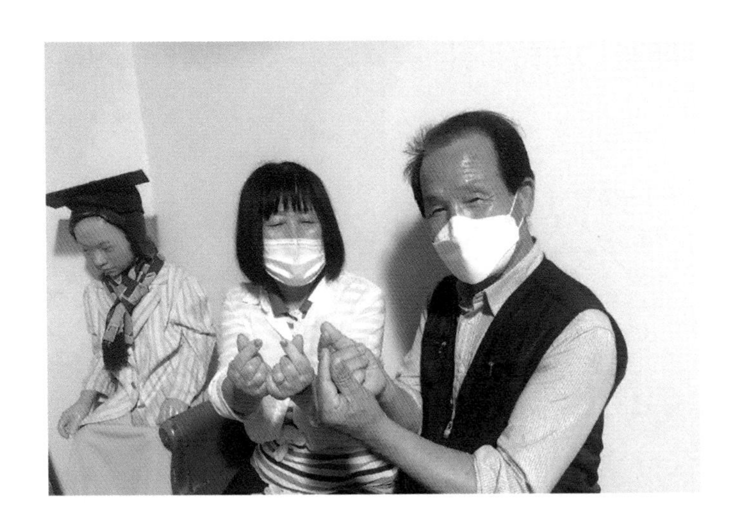

▶ 부모님과 담양 '추억의 골목' 추억여행

혼자 있는 아들이 걱정되어 가끔 나주에 내려오시는 부모님과 추억여행을 떠났다. 죽녹원과 메타세쿼이아라는 유명 관광지가 먼저 떠오르는 담양에 '추억의 골목'이라는 추억 여행지가 있다. 금방이라도 교복 입은 학생들이 뛰어나올 것 같은 옛 모습과 오래된 물건들을 세팅해 놓아 묵은 정서를 자극하는 곳이다. 필름 영화관에서 한참을 머물렀던 아버지, 교장 선생님 훈시 흉내를 내던 어머니, 전국 노래자랑 무대에서 노래를 부르고 기타를 치는 부모님을 보며 우리들만의 또 다른 추억을 만들었다.

전라남도 담양군 금성면 금성산성길 282-6

딱 그만큼만 취하자

술 종류		도수	표준잔 용량(cc)	표준잔 알코올양(g)
소 주		20	50	8
맥 주		5	200	8
막걸리		6	200	10
사 케		15	80	10
양 주		40	25	10
와 인		12	80	8
고량주		52	20	8
폭탄주 (양맥)	맥주	5	170	7
	양주	40	30	10
	합계		200	17
폭탄주 (소맥)	소주	20	50	8
	맥주	5	150	6
	합계		200	14

* 술 종류에 따른 표준잔 알코올양
* (계산식) 표준잔 알코올양 = 도수×표준잔 용량×알코올비중(0.7947)

우리가 마시는 한 잔의 알코올양은 10g 내외로 비슷하다고 한다. 술은 종류에 따라 알코올 도수가 제각각이다. 소주는 20도, 맥주는 5도, 막걸리는 6도, 와인은 12도, 양주는 40도. 그러나 결국 우리가 한 잔으로 마시는 알코올양은 일정하다는 것이다.

우선 알코올 도수는 인간에게 10도 이하가 적당하다고 한다. 과일이 자연에서 발효되면 대략 10도 이하가 된다. 자연 발효로 만들어지는 한국의 막걸리, 중국의 황주, 포도주 등이 10도 내외인 이유이다. 자연 상태에서는 초산균이 알코올을 식초로 바꾸기 때문에, 발효 효모가 살아남기 힘들어 10도를 넘기 어렵다. 본능적으로 인간은 10도 이상의 알코올 도수에 적응할 필요가 없었을 것이다. 결국 인간에게 술은 10도 내외가 알코올의 효과를 최대한 즐기면서도, 거부감이 적은 최적의 도수라고 할 수 있다.

그러나 인간은 자연의 법칙을 거스르고 다양한 도수의 술을 만든다. 결국 술을 적당히 섭취하기 위해 나라마다 술 종류에 따라 표준 잔을 정한다. 그 나라의 가장 대중적인 주류를 대상으로 표준 잔의 용량을 계산한다. 세계보건기구WHO는 표준 잔을 순수 알코올양 10g으로 정하고 있지만, 국가별로 그 기준이 조금씩 다르다. 대략 8g에서 10g 사이인데, 다만 술 브랜드에 따른 알코올 도수의 차이와 잔을 채우는 양의 차이라는 변수는 있다.

'입맛은 길들여진다.'고 하듯이 인간은 본능과 식습관으로 알코올 도수 10도에 거부감이 덜하고, 알코올양 10g 정도가 적당하다고 느낄 것이다.

인간은 언제나 자연을 거스른다. 악마가 인간에게 남긴 최고의 선물이라고 할 정도로 알코올의 위력은 대단하다. 적당한 도수와 표준 양을 정했지만 인간의 욕망은 자연의 이치를 따르지 않는다. 폭탄주를 만들어 도수와 양을 넘나들며 악마의 선물에 취한다.

오십은 자연으로 치면 단풍 드는 나이다. 열정을 내려놓고 인생에 순응하는 시기다. 식물이 광합성을 멈추고 안토시아닌 색소를 분해하며 겨울을 맞이하듯, 머리 희끗해지는 노년을 받아들여야 할 때다.

마치 흰머리 같은 억새, 억새는 햇빛에 이글거리며 빛을 발한다. 유리알처럼 반짝이는 강물에 촉촉이 적셔진다. 마치 술 마시고 난 다음의 눈망울처럼.

억새는 지혜롭다. 순응할 줄 안다. 자연이 주는 만큼만 받아들이고 맞춰 살아간다. 강바람을 견디기 위해 속을 비우고 유연함을 유지하며 원통형으로 길쭉하게 엽초를 말아 줄기를 감싼다. 바람에 견뎌 몸을 지탱하기 위한 몸부림이다. 줄기에 규소 성분을 배합해 부식을 방지하기도 한다. 그렇게 자신에게 처한 숙명을 오롯이 받아들이고 순종한다.

보잘것없는 억새도 자연을 거스르지 않는데 우리 인간은 왜 그리도 헛된 욕망을 부릴까!

억새밭에서 욕심을 내려놓는다. 그저 내게 주어진 양에 만족하자. 돈, 지위, 모두 내게 주어진 표준 양이 있을 터. 딱 그만큼만 취取하자.

▶ 나주 영산강 억새밭을 걸으며

영산강 지석천변에 억새밭 산책로가 있다. 모든 꽃이 져서 왠지 쓸쓸한 11월경, 새하얀 꽃을 피우는 억새, 강바람에 이리저리 흔들리며 태양 빛에 아련한 흰빛을 발한다. 바람을 거스르지 않는 억새의 유연함을 보며 나도 모르게 세월에 순응하는 법을 터득하게 된다.

아주 특별한 경험

학창시절 '더 포지션'으로 활동했던 가수 임재욱이 그렇게도 멋있어 보였다. 〈후회 없는 사랑〉, 〈아이 러브 유〉 등 아름다운 노랫말과 감성을 자극하는 목소리로 많은 팬의 사랑을 받았던 가수였다. 멋진 노랫말과 목소리로 노래를 부르면 왠지 그 가수가 더 매력적으로 보인다. 가수가 그 노랫말의 실제 주인공처럼 보이기도 하고 아름다운 마음씨를 가진 사람처럼 느껴지기도 한다.

임재욱은 TV 예능프로에서 그 당시 노래 부를 때를 회상했는데 그때는 노랫말에 대한 아무 감정이 없었다고 했다. 소속사에서 부르라고 하는 노래를 그냥 외워서 불렀을 뿐이라는 것이다. 어느덧 나이 사십이 넘으니 이제야 그 노랫말의 의미가 이해된다고 했다.

가수뿐만 아니라 노래를 듣는 우리도 마찬가지다. 젊었을 적 아름답거나 슬픈 노랫말에 푹 빠졌던 그 가요들을 당시에는 단지 멋있다고만 생각했었다. 세월이 흘러 여러 추억이 쌓이면 그 노랫말 한 구절 한 구절이 가슴속에 사무치는 경험을 하게 된다.

아버지가 택시 기사인 아들은 자이언티의 〈양화대교〉를 들으면 눈물을 흘릴 것이다. 사랑하는 이와 결혼을 앞둔 예비부부는 이승철의 〈마이 러브〉 뮤직 비디오를 보면 감동을 할 것이다. 사랑하던 연인과 헤어진 후 백지영의 〈총 맞은 것처럼〉을 들으면 가슴이 미어질 것이다. 이외에도 감성을 자극하는 가요들을 어른이 되어 들으면 어릴 적 들었을 때와는 사뭇 다른 느낌을 받곤 한다.

그러나 생각해 보면 어릴 때는 잘 모르고 나이가 들면서 성숙해져서 그 가사를 이해하는 게 아닐 거라는 생각이 든다. 가사의 의미를 이해한다는 것은 그 노랫말에 나오는 행위들을 경험했느냐의 유무다. 즉, 세월이 흐르면서 다양한 경험을 거쳤기에 쉽게 감정이입이 되어 실감하는 것이다.

나이와 상관없이 다양한 경험의 유무가 인간의 성찰을 이끌어 낸다. 어릴 적 부모를 일찍 여의고 힘들게 살아온 이에게는 어린 나이에도 불구하고 삶의 애절함이 느껴진다. 국경을 넘는 애틋한 사랑을 하다가 이별의 아픔을 겪은 젊은 연인들도 그 나이와는 안 어울리게 깊은 연민이 느껴진다. 젊었을 때부터 여러 사업에 도전하면서 실패를 거듭한 사업가에게는 오랜 경륜이 배어 나온다.

보통은 나이가 들면서 저절로 많은 경험을 하지만 어려서부터 평범한 이들보다 다양한 경험을 한다면 더 일찍 삶의 의미들을 깨닫게 될 것이다. 바로 여행이 그 역할을 하기에 충분하다. 일상의 공간을 떠나 다양한 곳을 방문하고 여러 사람을 만나는 게 여행의 진미이기 때문이다.

쓸모없는 경험이란 없다. 모든 경험과 이야기, 사건 · 사고, 성공 · 실패까지도 모두가 인생에 있어서 피가 되고 살이 된다. 자신만의 속도로 천천히, 그리고 꾸준히 여행하다 보면 자신도 모르는 사이에 수많은 경험이 삶을 살찌우고 이전과는 달라진 모습을 발견할 것이다.

코로나19도 인류에게 나쁜 것만은 아니다. 코로나19로 인류는 아주 특별한 경험을 했다고 '날카로운상상력연구소장' 김용섭은 《언컨택트》를 통해 강조했다. 우리 국민들은 사회적 격리로 외부와 단절된 경험을 통해 그동안 너무 바쁘게 살고, 너무 얽혀서 살아왔던 과거를 되돌아볼 수 있는 기회라고 했다. 사회적 거리 두기는 불편함도 있지만 자신에게 집중하는 자발적 고립이라는 새로운 경험을 하게 되었다는 것이다.

인생의 자산은 경험과 지식이다. 이런저런 경험이 삶을 지탱하는 힘이 되고 그것들이 융합해 현재의 문제를 해결하고 미래를 통찰하는 바탕이 된다.

그간 나를 둘러싼 세계와 조금은 다른 세계를 경험하는 것이 바로 여행이다. 자연과 사람들의 온갖 풍경과 모습과 이야기를 경험하고 돌아온 여행자의 밤은 달콤하다. 퉁퉁 부은 다리를 어루만지며 내 몸에 축척된 정체 모를 만족감으로 깊은 잠에 빠져든다.

▶ 나주 영상테마파크에서

가파른 영상테마파크를 오르자 커다란 성벽이 나타났다. 장군의 진격 소리에 군졸들은 성벽을 기어오르고 적진으로 몸을 날렸을 터. 칼과 화살과 돌과 불기름으로 처참하게 목숨을 잃었을 것이다. 그들의 희생의 대가로 우리는 현재 자유롭고 존귀한 삶을 살고 있다. 그들의 역사를 경험 삼아 우리도 미래를 위해 울부짖어야 한다.

전라남도 나주시 공산면 덕음로 450

4

어떤 여행을 할까?

정답은 여행이다.

가벼운 발걸음으로 산책하듯 걸으며 여행을 즐겨보라.

자연에 동화되어 나를 그 속에 던지면 된다.

더딘 걸음과 느린 시선으로 여행을 즐기자.

자연을 울리는 소리

'또르륵~ 찰칵'.

손 감각에 의지해 반 셔터를 누르고 다시 마저 누른다. 손가락을 타고 영롱한 기계음이 심장을 울린다. 초점을 맞추면 배경은 흐릿해지고 시야와는 또 다른 세계가 창조된다. 차곡차곡 쌓여가는 찰나의 순간들, 영원히 사라지지 않을 과거를 붙잡아 둔 안심감에 흐뭇한 미소를 띤다.

여행을 시작하면서 최고급 DSLR 카메라를 구입했다. 사진을 찍으면서 남겨지는 추억들이 대견스러워 중독을 멈추지 않았다. 주말이면 집에만 있던 따분한 생활에 변화가 일고, 카메라를 둘러매고 자연의 모든 것들과 조우한다. 계절 따라 시간 따라 다른 느낌의 피사체, 자연은 절대로 지루하지 않다. 비록 같은 모습이라도 보는 내 가슴이 달리 받아들인다.

난 왜 하필 과도기에 태어났을까?

지금처럼 모든 게 다 갖춰지고 세팅된 시대에 태어났더라면 얼마나 좋았을까 아쉬워한다. 컴퓨터나 핸드폰처럼 수많은 발전의 역사를 함께한 것이 바로 카메라다. 필름카메라로 시작해 디지털 카메라에 이르기까지 몇 대를 샀는지 손꼽기 힘들 정도다.

농작물 관련 업무를 하면서, 시골에 살았는데도 작물명을 모르는 나 자신이 한심해 작물 사진들을 찍기 시작했다. 어린 새싹부터 열매 맺기까지 단계적으로 찍었는데, 그 사진들과 작물에 대한 설명을 정리해 '작물백과'란 이름으로 홈페이지를 만들어 올리기도 했다.

작물들이 자라나는 시기에 맞춰 주기적으로 사진을 찍었다. 지역별로 재배작물이 다르므로 먼 곳까지 가서 사진을 찍기도 했다. 좋아하는 일이라 그다지 힘들지는 않았는데, 가장 힘든 점이 하나 있었다. 바로 필름 카메라였기에 한 컷 한 컷 정성 들여 찍어야 했고, 찍은 후 바로 확인도 불가능하고, 사진관에 필름을 맡긴 후 얼마 후 다시 찾아와야 했다. 잘 못 찍혔으면 다시 가서 찍어야 했고, 그렇게 힘들게 얻은 사진조차 다시 스캐너에 넣어 파일로 변환해야만 홈페이지에 올릴 수 있었다.

묵은 요리가 진국이고, 옛집이 멋스러운 법이거늘, 왜 그리 전자제품에는 그 말이 적용이 안 되는지 모르겠다. 새 버전이 나오면 여지없이 마음을 빼앗기는 핸드폰, 컴퓨터, 자동차, 그리고 카메라. 우리가 그토록 원했던 기능을 어찌 알고 그리 끼어 넣어 유혹하는지.

카메라는 크게 콤팩트, 미러리스, DSLR의 세 가지 종류로 나눠진다. 스마트폰 카메라처럼 조그만 휴대용 자동카메라가 콤팩트이고, 전문가들이 수동조작을 하며 찰칵거리는 셔터음 소리로 찍는 커다란 카메라가 DSLR이다. 그리고 두 개의 장점을 합쳐 미러(거울)를 없애고 가볍게 만든 것이 미러리스다.

알랭드 보통은 《여행의 기술》에서 카메라에 대해 언급했다. 인간은 아름다움을 만나면 소유하고 싶은 강한 충동을 느끼게 된다는 것이다. 그 방법 중 하나가 카메라이고 아름다움을 잃어버릴 것 같은 불안감은 셔터를 누를 때마다 줄어든다고 했다. 아예 우리 자신을 물리적으로 아름다운 장소에 박아놓음으로써 어떤 장소의 아름다움을 보고 촉발된 근질근질한 소유욕을 달랜다는 것이다.

여행을 처음 시작할 때만 해도 블로그를 할 생각은 없었다. 여행을 하면서 마주치는 멋진 풍경들에 대한 뒤늦은 미련, 어쩌면 다시 못 오게 되지 않을까 하는 막연한 불안감이 생겼고, 그것들을 언젠가 사라질 내 기억이 아닌 영원히 간직할 수 있는 컴퓨터에 저장하고 싶은 것이 계기였다.

'웹상의 일기'인 블로그는 내 소유욕을 달래주는 아주 적절한 온라인 플랫폼이었다. 처음에는 스마트폰으로 찍어 올리다가 다른 전문 블로거들과 비교되는 내 사진이 부끄러워 결국 DSLR의 세계에 입문하고 말았다.

스마트폰의 카메라 기능도 급속도로 진화하고 있다. 심도와 보케 등 전문가용 카메라의 전유물로만 여겼던 기능들을 스마트폰이 조금씩 따라잡고 있다. 상업용으로 활용하기 위한 세밀성, 접사부터 망원까지 렌즈의 다양화 등 전문가용 카메라의 입지는 아직 남아 있으나, 언젠가는 스마트폰이 전문가용 카메라의 종말을 불러올 날이 올 것이라는 예측은 판매량 급락 추이가 보여주고 있다.

아직까지는 SNS를 전문적으로 하는 사람들이나 영화 제작, 상업용 판매 등에서는 전문가용 카메라가 자리를 굳건히 지키고 있다. 조리개 값과 셔터 스피드를 조정하여 풍경, 야경 등 멋진 작품을 만들어 내는 DSLR만의 장점이 매니아를 붙들고 있는데, 나에게 있어 가장 매력적인 부분은 DSLR만의 소리다.

초점을 맞추며 살포시 돌아가는 렌즈의 움직임, 그 움직임을 왼손으로 느끼며 반 셔터를 눌렀을 때의 또르륵 소리, 그리고 셔터를 완전히 눌렀을 때 찰칵 하며 나는 셔터 음, 오직 DSLR 카메라에서만 느낄 수 있는 매력이다.

카메라 셔터 음은 자연에서 더욱 선명하게 울린다. 카메라를 들면 자연은 오롯이 나만의 것. 자연을 내 눈과 카메라에 담는 순간 왠지 모를 카타르시스가 느껴진다.

▶ 사진을 찍고 있는 내 모습

어느 관광지에서 거울에 비친 내 모습이다. 카메라와 함께하는 여행은 지루하지 않다. 수십 번을 가도 새로운 모습을 담을 수 있다는 기대감이 있다. 설령 같은 자연이면 어떠하리. 내가 다르게 찍으면 그뿐인 걸.

하루를 두 번 사는 법

매끄러운 처마를 타고 문살을 어루만지며 방 한 켠 햇살이 드리운다. 투박하게 연결된 선은 따스한 빛을 머금고 한지를 한껏 잡아당긴다. 한지를 여과한 부드러운 햇살이 경상에 내리면 선비는 고결한 품위로 붓을 매만진다.

네모진 창살을 품은 창호는 확실히 원고지를 닮았다. 그래서인지 한옥 창호는 글깨나 쓰던 선비의 방에 제격이다. 한옥과 선비의 아름다운 조화는 사라졌지만, 초등학생 시절만 하더라도 원고지의 추억이 기억 속에 남아 있다. 조심스레 써 내려가던 습작, 원고지에 글을 쓰면 왜 그리도 설레었는지. 네모를 채우는 글에 온 신경이 집중되고, 혹여 틀리기라도 하는 날이면 멍하니 원고를 쳐다볼 수밖에.

그래서인지 글마다 힘이 실렸다. 한 글자라도 허투루 쓸 수가 없었다. 몇 번이고 생각을 정리한 후 정제된 사고의 덩어리가 만들어진 다음에야 조심스레 네모를 채우기 시작했다.

'글을 안 쓰면 어제와 오늘의 나는 같다. 변화가 없기에 성장하지 않는 것이다.' 《대통령의 글쓰기》 저자 강원국의 강의를 들으면서 절로 고개가 끄덕여졌다. 원고지의 추억을 더듬어보니 생각하고 글을 쓰는 것이 얼마나 강렬한 작업인지 알 수 있다. 글은 확실히 나를 변화시킨다. 흐트러진 생각을 정리해 완성품을 만들어 내는 과정, 그 과정에서 뇌는 분명 진화한다.

쳇바퀴만 돌리는 직장인은 신선한 충격이 필요하다. 어제보다 나은 오늘과 내일을 위해, 뭐라도 생각하고 뭐라도 쓴다면 지루한 일상이 달라진다. 그리고 성장한다.

학생 시절에는 그렇게도 글쓰기가 두려웠다. 왜 그랬을까? 글 쓸 준비가 안 되었기 때문이다. 시험을 보려면 먼저 공부를 해야 하고, 시합을 하려면 먼저 연습을 해야 한다. 당연히 글도 연습이 필요하다.

그 시절에는 공부를 건너뛰고 바로 시험을 보는 격이었다. 아는 지식도 짧고, 문법과 어휘도 딸리고, 지식과 경험도 부족했다. 기본적인 어학 공부를 마치고, 인생 경험도 해보고, 주위 사람들과 어울려도 보고, 자신의 생각도 표현해 보고, 그런 준비 과정을 거친 후에 글을 쓴다면 훨씬 수월하지 않을까!

직장도 다녀보고, 사회 경험과 취미도 생기고, 나이가 무르익으면 글쓰기에 딱 좋은 시기다. 최상의 컨디션일 때 시험을 봐야 하듯 어느덧 중년의 시기를 넘겼다면 과감히 펜을 들어야 한다. 자칫 무료해질 삶에 활력을 불어넣을 수 있고, 무엇보다 정체된 자신을 변화시킬 최적의 시기다.

글쓰기는 여행과 병행하는 것이 좋다. 여행을 하면서 글쓰기 소재를 얻을 수도 있고, 특별한 전문지식이 없다면 아예 여행 에세이를 쓰는 것도 좋다. 여행을 하면서 느낀 감정과 에피소드를 모으면 훌륭한 글이 된다. 거기에 사진까지 더한다면 더할 나위 없다. 글을 쓰게 되면 사색을 하게 되고, 여행을 더욱 즐기게 된다. 오늘은 무엇을 생각할까, 여기는 어떤 곳일까, 모든 여행에 의미가 붙고 곳곳을 유심히 살피게 된다.

글쓰기와 병행하는 여행은 언제나 설렌다. 갔던 곳을 또 가도 신선하고, 모든 여행지를 허투루 지나치지 않는다. 글쟁이에게 여행지는 최고의 원고지다.

한스컨설팅 한근태 대표는 《일생에 한번은 고수를 만나라》를 비롯하여 《중년예찬》, 《리더가 희망이다》, 《몸이 먼저다》 등 수십 권의 책을 쓴 리더십과 역량교육의 전문가다. 《40대에 다시 쓰는 내 인생의 이력서》에서 그는 글쓰기를 좋아하는 이유를, 글을 쓰면 사람과 사물을 보는 눈이 달라지기 때문이라고 했다. 예사로이 보아 넘기던 일도 새로운 시각으로 보게 될 뿐만 아니라 소재를 찾기 위해 호기심도 많아진다는 것이다. 독서나 영화감상 이외에도 그는 무언가를 느끼려 하거나 스스로를 새롭게 무장하기 위해 여행을 자주 간다고 했다.

배상문 작가는 《그러니까 당신도 써라》에서 선택받은 소수만이 '작가'라는 이름표를 달던 시대는 저물었다고 말했다. 종이책이든 전자책이든 등단을 하든 못 하든 그런 문제는 전혀 중요하지 않고, 중요한 것은 당신에게 '메시지'가 있고, 이를 효과적으로 전달할 수 있는 '문장력'이 있다면 당신은 이미 '작가'라고 용기를 주었다.

《글쓰기를 처음 시작했습니다》의 고홍렬 작가는 글쓰기 실력은 단번에 좋아지지 않고 먼 길을 가는 여정이라고 했다. 오늘 걸을 수 있는 만큼 조금씩 계속 걷다 보면 출발점 근처에서 기웃거리는 사람들이 보이지 않을 만큼 멀리 가게 된다고 했다. 천년을 사는 느티나무는 25m까지 자라지만 씨앗은 고작 4mm밖에 안 된다는 것이다.

그는 일기를 쓰면 삶의 밀도가 높아지는데 일기를 쓰는 사람은 하루를 두 번 산다고 강조했다. 일기를 쓰면서 한 번 더 하루를 반복하기 때문이다. 여행도 마찬가지다. 여행을 기록하면 그 여행을 두 번 하게 되는 것이다. 여행에서 돌아와 그 여행을 기억하며 느낌과 생각을 정리하다 보면 그 여행은 오롯이 내 것이 된다.

기록이라는 즐거움을 찾기 전, 언제부턴가 지나치는 곳들이 다시는 올 수 없거나 서서히 잊혀지겠지 하는 걱정이 생기기 시작했다. 아니, 다시 오더라도 그때의 그 느낌과 다를 것이라는 생각도 들었다. 그런 걱정이 나에게 기록이라는 습관을 부채질했다. 그 순간을 영원히 남기기 위해, 오래도록 기억하기 위해 사진을 찍고 글을 썼다.

전남의 이곳저곳을 여행할 때면 모든 곳에 시선이 머물렀다. 걸으면서 행복했고 자연스레 사색에 빠지며 그곳과 관련된 글이 머릿속에 맴돌았다. 여행을 기억하고자 기록했다.

▶ 《내 마음이 그래서》 출간

교보문고에 들러 출간된 내 책을 샀다. 일명 '내돈내산', 쑥스럽지만 뿌듯한 순간이었다. 내 인생에 책 한 권 내 보는 게 소원이었는데, 대형 서점에 내 책이 떡하니 꽂혀 있다니. 아쉬운 건 베스트셀러 코너에 없다는 것.

나만의 힐링 스팟

"나만의 힐링 스팟이 있나요?"

누군가의 글을 읽다 눈이 멈췄다. 내가 자주 가던 곳, 그곳에 가면 마음이 편해지는 곳, 그런 곳이 나에게도 분명 있을 텐데, 언뜻 떠오르지 않았다.

직장인 85%가 번아웃 증후군을 앓고 있다고 한다. 만성 직장 스트레스로 아무것도 하기 싫어한다는 것이다. 나도 그랬다. 주말이 되면 아무 데도 가기 싫고 침대에 누워 TV를 보거나 스마트폰을 만지작거렸다.

돈을 벌기 위한 행위는 즐겁지 않다. 워크홀릭은 모르겠지만 돈벌이 수단으로 일을 하는 대부분의 직장인은 괴롭다. 운동선수나 연예인이 나이가 들어 그 시절이 힘들었다고 말하는 것처럼 아무리 자기가 좋아하는 일을 해도 돈이 따라붙으면 직업이 된다.

건강을 위해 일주일에 서너 번 30~40분 걸으라고 한다. 힐링을 위해 여행이나 취미 활동을 하라고 한다. 직장인에게는 결코 쉽지 않다. 번아웃 된 직장인은 일이 끝나면 침대에 눕고만 싶어진다. 악순환은 반복되고 몸도 마음도 약해진다.

'나에게도 힐링 스팟이 있었나!'

사십 대 초반까지는 줄곧 번아웃의 삶을 살았다. 교토 유학을 가서야 여유를 찾았다. 니죠역 앞 모스버거는 가장 자주 가던 곳이었다. 아이들을 학교에 보내고 출근 시간을 조금 지난 한산한 시간에 들르면 조용하고 소박한 나만의 조찬을 즐길 수 있었다. 토스터와 커피 한 잔을 앞에 두고 역으로 들어가는 사람들을 보는 게 그렇게도 좋았다. 바쁘게 사는 사람들을 보며 왠지 모를 위안을 삼았다. 내 마음을 치유했으니 분명 힐링 장소였다.

교토에는 수많은 관광지가 있었지만 자주 가는 곳은 몇 군데 안팎이었다. 일왕이 살았던 고쇼는 도심 속 산책 장소로 최적이었다. 울창한 나무와 풀밭 사이를 무한정 걸을 수 있었다. 도시 소음이 차단되고 계절에 따라 색을 바꾸는 아름다운 공원이었다. 사진을 찍기도 하고 벤치에 앉기도 하고 낮잠을 자기도 하고 오롯이 나만의 시간이었다.

대부분의 도시는 강을 품고 있다. 교토도 마찬가지. 교토를 가로지르는 가모 강은 내가 본 강 중 최고였다. 둑방 길을 따라 걸으면 그렇게도 평화로웠다. 시원한 강물이 끊임없이 흐르고 그 속에 담긴 하얀 왜가리, 알록달록 기모노 입은 관광객, 말없이 산책하는 시민, 벚꽃과 단풍, 강을 가로지르는 징검다리, 모든 게 고요하고 평온했다.

사색을 하고 싶을 때면 오사와이케를 찾았다. 연못을 끼고 벚나무 가로수 길을 한 바퀴 돌고 나면 글 하나가 완성되었다. 나뭇잎 사이로 보이는 다이카쿠지의 모습을 감상하며 느린 걸음으로 몇 시간을 걸었다. 바로 옆 사가노의 논밭에서는 답답한 도시를 벗어나 한적한 시골을 만끽할 수도 있었다.

아라시야마는 정원, 강, 절, 대나무, 온천, 모든 게 다 있는 종합 관광 힐링센터였다. 볼거리가 많은 만큼 관광객도 많았지만 그 속에 파묻히는 것도 나름 즐거웠다. 다리가 피곤해질 때까지 하루 종일 돌아다니다 마지막으로 아라시야마 역 뜨끈한 온천 족탕에 다리를 넣었을 때의 그 기분이란.

한국에 돌아와 전남에 머물면서도 몇 군데의 힐링 스팟이 생겼다. 강진 다산초당, 순천만 습지, 담양 관방제림과 소쇄원, 그곳에 가면 온갖 시름을 잊게 만들었다. 자연의 소리와 냄새는 내 몸을 이완시켰다. 그곳에 머물면 그 순간만큼은 자연스레 치유되었다.

나의 치유는 너다.

달이 구름을 빠져나가듯

나는 네게 아무것도 아니지만

너는 내게 그 모든 것이다.

모든 치유는 온전히

있는 그대로를 받아들이는 것

아무것도 아니기에 나는 그 모두였고

내가 꿈꾸지 못한 너는 나의

하나뿐인 치유다.

- 김재진의 시집 《삶이 자꾸 아프다고 말할 때》 시 〈치유〉 -

코로나19가 세상을 덮어도 봄은 다시 왔다. 산수유로 시작해 매화가 피고 이제 곧 벚꽃도 필 것이다. 자연이 잠을 깨고 있다. 이제 내 몸을 치유할 시간이다.

▶ 구례 천은사 홍매화 아래에서

코로나19에도 불구하고 자연은 끊임없이 흘러간다. 몸과 마음이 아프다면 우선 병원에 가고 그 다음에는 자연 치유를 병행하라. 돈도 안 들고, 자연의 이치도 알게 될 것이다. 봄이 오면 산수유로 시작해, 매화, 벚꽃, 장미로 이어지고, 여름에는 수국, 연꽃, 배롱으로, 가을에는 꽃무릇, 코스모스, 국화, 억새, 그리고 겨울 동백까지, 자연은 우리를 치유하려고 일 년 열두 달을 기다리고 있다.

전라남도 구례군 광의면 노고단로 209

더딘 걸음, 느린 시선

원광대학교 김종인 교수가 연구한 자료에 의하면 직업별 평균 수명 1위는 80세로 종교인이다. 운동선수는 67세로 최하위를 기록했다. 물론 수명에는 다양한 원인이 있겠지만 의외의 결과였다. 운동과 수명과는 완전 반대의 결과를 보인 것이다. 운동이 우리에게 안 좋은 건 아닐까? 의문을 품게 만든다.

그러고 보면 운동으로 자기 몸을 단련시키는 동물은 인간밖에 없다. 〈동물의 왕국〉에서 보았던 동물들은 대부분의 시간을 휴식으로 보냈다. 배고프면 풀을 뜯거나 사냥을 하고, 나머지는 누워 있거나 자고 있었다.

운동하면 근육이 붙고 몸이 단련되고 입맛이 좋아지고 건강해진다는 건 상식이다. 체험적으로도 운동하면 몸이 좋아진다는 것을 부정하기가 힘들다. 뭐가 문제일까?

답은 적당한 운동이다.

무리하지 않고 생활 속에서 적당히 운동해야 몸에 좋다. 운동이라는 별도의 행위를 붙이는 게 아니라 단지 생활 속 움직임이다.

시간과 돈을 투자하는 전문 운동이 결코 좋은 것은 아니다. 조사 결과만 봐도 운동만 열심히 하다가는 일찍 죽지 않는가? 일상 속 평범한 움직임 속에서 열심히 살면 된다.

음식은 우리 몸속에 들어가면 태우는 산화 과정을 거친다. 산화를 처리하는 길을 림프라고 하는데, 림프는 근육의 이완을 통해 열린다. 즉 근육이 부드러워야 한다. 운동을 많이 해 근육이 경직되면 음식의 산화를 방해하게 된다.

대부분의 운동선수는 근육통에 시달린다. 고강도 운동을 하는 선수들은 세포를 공격하는 활성산소가 과도하게 분비되어 다양한 질병을 일으킨다.

자연의 순리대로 살면 된다. 배고프면 밥을 먹고, 힘이 나면 열심히 일하고, 힘들면 쉬고, 졸리면 자면 된다. 적당한 생활 속 움직임과 휴식을 통해 음식을 소화 분해하며 살아가면 된다.

과식, 소식, 과로, 운동 등 평범함을 거스르는 행위들은 몸에 좋지 않다. 모든 자연의 생물들이 그렇게 살아간다. 인간처럼 남들에게 잘 보이기 위해 쓸데없이 몸을 단련시키지 않는다. 있는 모습 그대로 살아간다.

《건강하게 오래 살려면 차라리 운동하지 마라》의 작가 '아요야기 유키토시'는 의문을 가졌다. 운동을 좋아하는 사람의 신체지수를 조사해 보니 건강수치가 낮았고, 운동을 하지 않는 사람의 건강수치는 높게 나타난 것이다.

운동이 체내에 활성산소를 과도하게 발생시켰고, 이때 발생한 활성산소가 세포막이나 혈중 콜레스테롤 등의 지질을 산화시켜 동맥경화를 일으킨다는 것이다. 유키토시 박사는 나이와 몸에 맞는 최적의 운동을 하는 것이 중요하다고 결론을 지었다.

과도한 운동으로 매일 몸을 단련시키는 사람들이 있다. 나이가 들어도 젊은 근육을 유지하고 몸매가 좋은 사람들, 그다지 부럽지는 않다. 일부 연예인처럼 과도하면 징그러워 보이기도 한다. 세월에 알맞게 늙어가는 자연스러운 모습이 더 보기 좋다.

'왜 그렇게 쳐, 좀 더 허리를 쓰고 어깨 턴을 해야지'

전에 골프를 치다 보면 나이 든 사람들의 엉성한 폼, 부족한 허리 턴을 보며 비웃은 적이 있다. 그러나 이제 내가 그렇게 하고 있다.

'스윙은 늙는 것이 아니라 성숙해져 가는 것이다'라는 말도 있듯 근육이 굳어지고 허리가 안 돌아가는 나이가 되면 그 체형에 맞게 치는 게 정답이다. 괜히 허리 더 돌리다가 영원히 돌아오지 못하는 신세가 될 수도 있다.

적당한 운동을 해야 한다. 내 몸이 받아들일 수 있는 적당량의 운동을 해야 한다. 지나친 운동은 되레 몸을 해친다.

그렇다면, 정답은 여행이다. 가벼운 발걸음으로 산책하듯 걸으며 여행을 즐겨보라. 이보다 더 적당한 운동이 어디 있겠는가? 자연에 동화되어 나를 그 속에 던지면 된다. 격렬한 근육운동이 아닌 부드러운 움직임으로 나를 감싸면 된다.

더딘 걸음과 느린 시선으로 여행을 즐기자.

▶ 완도 수목원을 걸으며

인간의 삶과 산림의 효능에 관한 새로운 모델을 제시할 목적으로 만든 완도 수목원은 총 면적이 2,049ha로 매우 넓다. 수많은 식물을 구경하며 걸으면 하루가 부족할 정도다. 인간에게 가장 먼 여행은 가슴에서 발까지의 여행이라고 신영복은 말했다. 가슴은 생각이고 발은 실천이다. 건강해지는 방법은 간단하다. 몸이 아프다고 투정만 하지 말고 발을 내딛어라. 그뿐이다.

전라남도 완도군 군외면 초평1길 156

준비된 선택

'선택의 순간'

이 말을 실감하게 된 것은 영암 월출산을 등산한 구정 연휴의 일이었다. 설악산, 주왕산, 월출산을 한국의 3대 악산으로 부른다. 그중에서 氣가 가장 센 산인 월출산을 오르고 싶어졌다. 근처를 지나갈 때마다 쳐다보기만 해도 황홀한 월출산의 매력에 빠지곤 했다. 그 옛날 진경산수화에나 나올 법한 아름다운 모습, 그 너머에는 예사롭지 않은 산세가 숨겨져 있을 터다.

가장 쉬운 코스인 천황사와 바람폭포를 거쳐 천황봉에 오르는 2km, 1시간 30분 코스를 택했다. 12시에 출발해도 넉넉할 것 같아서 점심을 먹고 천천히 등산을 시작했다. 주차를 하고 조금 걷자 바로 나온 천황사는 아담한 절로 월출산의 명성에 걸맞지 않게 존재감은 덜했다. 등산 입구를 지나 운치 있는 바윗길을 한참 걸으니 갈림길이 나왔다.

'첫 번째 선택의 순간'

오른쪽은 바람폭포 방향, 왼쪽은 구름다리 방향, 두 갈래 갈림길이었다. 두 길은 천황봉 아래에서 다시 만나지만 조금 더 짧아 보이는 바람폭포 쪽을 택했다. 단코스라 그런지 길은 험하고 경사가 꽤 있었다. 중간쯤 올라가니 바람폭포가 나왔고 겨울 물줄기는 찬 기운을 내뿜고 있었다. 폭포 앞에서 올려다 보이는 '책바위'는 신비스럽기도, 위험해 보이기도 했다.

조금 더 올라가니 여섯 봉우리가 의기 좋게 우뚝 솟아있는 육형제봉이 떡하니 버티며 우리를 맞이했다. 저 멀리 영암의 풍경과 어우러진 바위산의 비경을 감탄하며 뻐근한 다리의 피로를 풀었다.

아름다운 경관을 감상하며 쉬엄쉬엄 오르니 4시가 다 되어서야 천황봉 아래에 도착했다. 마지막 관문인 통천문을 지날 때의 시원한 바람은 정말 하늘로 날아갈 것 같은 기분이었다.

천황봉은 쉽사리 자리를 허락하지 않았다. 셀 수 없을 정도의 수많은 계단이 마지막 인내를 시험했다. 천국의 계단을 오르듯 안간힘을 쓰며 정상에 오르자 사방팔방 훤히 트인 천황봉이 드디어 자태를 드러냈다. 봉우리에서 내려다보는 경관은 그동안의 노고를 한방에 날려 보내기에 충분했다. 남해의 다도해는 뿌연 미세먼지로 보이지 않았지만, 영암, 강진, 해남 등 주위 마을들과 어우러진 바위산의 풍경에 입을 다물 수가 없었다. 우람한 남자의 산이라 일컫는 월출산의 위엄을 실감했다.

4시 반쯤 다시 통천문으로 돌아왔다. 바람폭포와 구름다리 갈림길이 나오고 '두 번째 선택의 순간'을 맞이했다. 같은 길로 내려오는 단조로움을 피하고 구름다리의 아찔함을 느껴보기 위해 구름다리 방향을 택했다.

무수한 계단을 내려가자 굳게 잠긴 문에 붙은 경고문이 내 가슴을 철렁하게 만들었다. 겨울철 안전사고 예방을 위해 구름다리로 향하는 길을 폐쇄한다는 내용이었다. 굳게 닫힌 철문, 뒤돌아보니 엄청난 높이의 수많은 계단, 이미 풀려버린 다리, 다시 돌아갈 엄두가 나지 않아 어쩔 수 없이 강진으로 향하는 경포대 코스로 향했다. 일단 내려가면 어떻게든 되겠지 하며 그때까지만 해도 마음 편한 하산길이었다.

경포대 코스는 1.5배는 길었고 경사도가 더 심해 천천히 내려오다 보니 여섯 시를 훌쩍 넘었다. 산 아래 마을은 이미 어둠이 내려앉았고, 조용한 시골 마을 길에는 사람 한 명, 차 한 대 보이질 않았다.

암흑천지를 뚫고 간신히 큰길에 이르니 '예촌'이라는 추어탕 식당이 나왔다. 행색이 초췌한 등산객을 본 주인은 여기저기 연락해 택시를 불러주었고, 기다리는 동안 커피와 추어 튀김을 선뜻 내어주었다. 주인장의 따스한 마음씨와 커피 한 모금은 길 잃은 등산객의 마음을 사르르 녹이기에 충분했다.

십여 분이 지나자 택시가 도착했고, 차를 세워둔 곳으로 향할 때의 그 기분이란 이루 말할 수 없었다. 택시가 없으면 걸어가려고 마음먹었던 그 길은 11km나 된다고 했다. 저녁 내내 걸어야 도착할 그 길, 분명 명절 연휴라 쉬는 날일 텐데 선뜻 나와 준 택시 기사가 너무도 고마워 감사 인사를 되풀이했다.

내 차만이 홀로 어두컴컴한 주차장을 지키고 있었다. 시동 버튼을 누르니 집에 돌아온 주인에게 꼬리치며 반기는 강아지마냥 자동차는 울부짖었다. 돌아오는 길, 아내와 '순간의 선택'에 대해 많은 대화를 나누었다.

'올라갈 때 구름다리 코스로 올라갔더라면 구름다리 건너자마자 폐쇄 경고문 앞에서 천황봉은 오르지도 못하고 돌아왔겠지, 내려올 때 처음 올라간 길로 내려왔더라면 쉽게 내려와 지금쯤 집에 도착해 맛있는 저녁을 먹고 있겠지.'

명산이며 악산인 겨울 월출산을 아무런 준비도 없이 오른 아마추어 등산객은 깨달음을 얻었다. 순간의 선택이 아닌 준비된 선택을 해야 몸과 마음이 편하다는 것을.

집에 돌아와 인터넷으로 월출산 국립공원에 들어가 보니 '구름다리 코스 폐쇄' 안내문이 버젓이 게재되어 있었다.

▶ 겨울 월출산 등산

멀리서만 바라보던 바위산의 기세, 드디어 월출산 꼭대기에 서게 되었다. 겨울에도 멋있는 월출산을 계절을 달리하며 볼 수 있다면 얼마나 좋을까. 막상 올랐을 때는 '다시는 올라오지 않으리.' 했던 마음이, 내려와 사진을 보니 마음이 바뀐다.

전라남도 영암군 영암읍 천황사로 280-43

5

여행이 내 삶에

반복되는 일상에 괴로워할 필요는 없다.

아름다운 여행지로 떠나는 이들을 부러워할 필요도 없다.

하루하루 소중한 일상을 여행처럼 살아가면 된다.

그러다 여유가 되면 훌쩍 어디론가 떠나면 그뿐이다.

그 모습 그대로

재밌는 일을 하면 시간이 빨리 간다. 신나는 게임을 하거나, 스마트폰으로 웹서핑을 하거나, 좋아하는 운동을 하면 기나긴 시간이 아쉬울 정도로 빨리 지나간다. 내가 하고 싶은 일을 할 때는 시간을 보지 않기 때문에 빨리 흘러간다고 착각하는 것이다.

반면, 아무 할 일 없이 가만히 있거나 누군가를 기다릴 때는 시간이 더디 간다. 지하철에서 단지 몇 분 후면 도착할 전철을 기다리는 시간은 지겨울 정도로 안 간다. 현대인의 조급함은 정도를 더해 커피 채워지는 몇 초도 기다리지 못해 자판기에 손을 집어넣는다.

기다림의 시간이 길어지면 길어질수록 견디기 힘든 지루함을 동반한다. 아무 할 일 없이 이동에만 몇 시간을 보내야 하는 단조롭고 지루한 일상이 나에게도 찾아왔다. 지방 이전 정책에 따라 고향 평택을 떠나 머나먼 전남 나주로 내려오고 주말이 되면 양쪽을 오가며 무의미하게 보내는 시간을 어떻게든 변화시키고 싶었다.

지루함을 극복하게 된 것은 자동차 여행에서 기차 여행으로 바꾸게 된 것이 계기였다. 예전에는 대중교통보다는 자가용으로 이동하는 것을 선호했다. 100km 언저리의 거리라면 아무 때나 쉴 수 있고, 가고 싶은 코스를 마음대로 선택할 수 있는 자동차 여행이 편했다.

250km의 거리, 왕복이면 500km, 게다가 나이까지 들면서 언제부턴가 자동차 여행이 버거워졌다. 또한 자동차 여행의 단점 중 가장 큰 것은 경치를 마음껏 즐기지 못한다는 것이다. 산, 강, 들녘 풍경은 창밖 풍경으로 즐길 수 있지만 운전이라는 행위는 시선을 앞으로 고정시킨다. 전방의 풍경도 볼 만하지만 자율주행이 아닌 이상 안전 운전을 위해 온 신경을 곤두세워야 한다.

KTX에 이어 SRT가 나오고 이제는 고속철도의 시대가 되었다. 평택과 나주, 그 먼 거리도 1시간 30분 만에 이동할 수 있고, 편안한 승차감과 더불어 가장 좋은 것은 풍경을 마음 편하게 원 없이 볼 수 있다는 혜택이다. 창밖 풍경은 항상 신선하다. 창밖 전시관은 작년과 다른, 지난주와 다른 미술작품으로 매번 업그레이드를 시켜준다.

'알랭 드 보통'은 《여행의 기술》에서 기차 여행을 예찬했다. 모든 운송 수단 중 생각에 가장 큰 도움을 주는 것으로 기차를 뽑았다. 배나 비행기에서의 풍경은 단조롭지만, 기차에서 보는 풍경은 안달이 나지 않을 정도로 빠르게, 그러면서도 사물을 분간할 수 있을 정도로 느리게 움직이며 우리의 시선을 자극한다고 했다.

그는 기차 여행을 섬세하게 묘사했다. 바퀴들이 철로에 부딪히며 박자에 맞춰 소리를 내는 동안 안을 지배하는 정적, 그리고 창밖 풍경이 어우러져 빚어내는 꿈결 같은 분위기, 이런 일상과는 다른 환경에서 신선한 생각과 기억에 접근하게 된다는 것이다.

기차 창밖으로 보이는 자연에서 배우는 것 중 가장 큰 것은 바로 꾸밈이 없다는 것이다. 자연은 절대로 감추거나 가공하지 않는다. 봄이면 화려하고, 여름이면 울창해지고, 가을이면 퇴색하고, 겨울이면 삭막해진다. 시간과 환경에 따라 민낯을 그대로 보여준다.

우리도 자연 속에 온전히 들어간다면 자연과 같이 동화된 삶을 살 수도 있다. 자연인이라 불리는 이들을 보면 그러지 않는가? 그들은 한결같이 꾸미지 않고 남을 의식하지 않으며 살아간다.

남은 인생 중에 오늘이 가장 젊은 날이라 한다. 오늘이 지나면 과거가 되고 내일이라는 미래가 온다. 그렇게 점점 나이가 들어가며 늙어간다. 그러나 누구나 나이가 드는 것을 거부하고 숨기려 한다. 흰머리가 생기면 염색하고, 주름이 생기면 보톡스를 맞는다. 화장으로 감추기도 하고, 사진이라면 뽀샵 처리를 한다.

자연과는 다르게 우리 인간은 남을 의식하기에 삶이 힘들어지는 것이다. 말과 외모에 신경 쓰고 그들의 평가를 두려워한다. 자연이나 자연인처럼 다른 이들을 의식하지 않고 있는 그대로 살아갈 수는 없을까!

매일매일 있는 그대로의 모습을 보여주는 자연, 우리는 자연을 비교하거나 평가하지 않는다. 어제보다 좋든 나쁘든 상관하지 않는다. 있는 그대로를 즐긴다.

기차 밖으로 보이는 자연,
그 모습 그대로를 즐긴다.
아, 평가하지 말아야겠구나!
그러면 상처를 주지도 받지도 않겠지.
스쳐 지나가는 풍경을,
있는 그대로 받아들이듯,
남들과 비교하지 않으리.
내 모습 그대로 살아가리.

역 개찰구를 나오는 순간,
다짐은 어느새 사라지고,
머리를 추스르고 옷매무새를 가다듬는다.

- SRT 기차역에서 -

▶ SRT 기차 창밖으로 보이는 풍경

기차를 타면 내 시선은 언제나 창밖이다. 비슷한 듯 다른 풍경들을 멍하니 바라본다. 영화처럼 페이드 아웃되듯 터널을 지나면 또 다른 세상이 펼쳐진다. 눈은 창밖을 바라보고 있지만 머리는 내 가슴을 파고든다.

내 여행의 동반자

"스틱이 확실히 좋아. 20~30% 효과가 있는 것 같아."

초보 코스인 화순 수만탐방지원센터 코스를 택하고 무등산을 올라가는데 내려오는 등산객들이 나누는 말이었다.

2.6km 2~3시간 코스, 역시 만만한 산은 없고, 쉬운 코스란 없다. 처음부터 돌계단으로 이뤄진 등산로는 끝이 보이지 않고 깊은 산 속으로 뻗어 들어갔다. 엊그제 내린 비를 한껏 머금은 나무는 이끼가 피어오르고 습한 기운을 토해냈다. 여기저기 사진을 찍으며 힘들게 오르고 있는데 스틱 예찬에 나도 모르게 귀가 쫑긋했다.

카메라 가방을 등에 메고 어깨에는 카메라를 걸고 사진 찍으며 올라가느라 남들보다 두어 배는 늦는데, 그만큼 힘도 더 든다. 등산에 도움이 안 되는 물건들을 가득 들고 올라가는 내 모습을 보니 스틱 같은 등산에 도움을 주는 용품이 더욱 그리웠다.

스틱은 등산객이 더 쉽게 산을 오르고 내리도록 도와준다. 요즘은 대부분의 등산객이 스틱을 사용한다. 아마도 그 효능이 널리 알려져서일 것이다. 스틱은 등산 시 체력소모를 줄여주고 미끄럼을 방지해 안정감을 높여준다. 무릎관절과 척추 부담을 분산시키고, 어깨와 팔을 이용하기에 전신운동의 효과도 있다. 스틱의 가장 큰 장점은 체중을 분산시켜 관절과 다리근육의 부담을 감소시키는 것이다. 약 30%의 감소 효과가 있다고 한다.

힘든 등산에 의지가 되는 것이 있다면 얼마나 좋을까?

우선 등산복, 등산화를 잘 갖춰 입고 거기에 스틱까지 손에 쥔다면 전문 산악인처럼 쉽게 산을 오를 것이다. 운동선수들이 땀을 잘 흡수하는 운동복과 발 편한 운동화를 신는 것과 마찬가지다. 골프선수의 경우, 거리와 방향의 미세한 차이를 위해 비싼 골프채 구입에 돈을 아끼지 않는 것도 그렇다.

두 번째는 동료가 있으면 한결 편할 것이다. 동료와 호흡을 맞추며 올라가면 서로에게 피해를 안 주기 위해 없던 힘도 생긴다. 또한 두런두런 얘기를 나누다 보면 어느새 정상에 도착한다. 정상에서 나란히 김밥을 먹으며 취하는 휴식은 달콤하기 그지없다. 나 홀로 등반을 한다면 오직 자연에 의지할 수밖에 없다. 차라리 깊은 상념에 빠지며 머릿속으로 글을 써 보자. 글이 완성될 즈음 정상이 눈앞에 있을 것이다.

세 번째는 믿음이다. 오늘 운동하면 어제보다 더 건강해진다는 믿음이 있으면 힘이 솟는다. 등산은 다리 근력을 강화해 주고 종아리와 엉덩이 근육이 허리 근육을 받쳐 허리 아픈 사람에게는 특효약이다. 평지를 걷는 것은 운동 효과가 별로 없고, 경사지를 걸어야 우리 몸의 중심 근육인 코어 근육이 강해진다고 한다.

한참을 걸어 드디어 장불제에 도착했다. 무등산의 자랑, 주상절리 입석대의 모습이 슬며시 보인다. 30여 개의 돌기둥이 수직으로 솟아 40여 미터 동서로 줄지어 서 있는 모습은 그야말로 장관이다.

가까이 다가갈수록 장관과 더불어 아슬아슬함이 더한다. 산비탈에 하늘로 솟아 세워진 돌기둥은 태풍이라도 불면 금방 쓰러질 듯 아찔하다. 중간에 잘려진 작은 입석이 돌기둥 사이에 걸려 있기도 하고, 주위에는 '낙석주의'라는 팻말이 붙어 있기도 하다. 그러나 걱정할 필요 없다. 그들은 서로를 의지하며 꽉 달라붙어 끈끈하게 지탱하고 있는 것이다.

입석대를 지나 1,100m 서석대에 올랐다. 바로 옆 천지인으로 불리는 천왕봉, 지왕봉, 인왕봉 3대 봉우리가 있는 무등산의 실제 정상은 이미 군부대가 선점해 버렸다. 아쉽지만 서석대를 정상 삼을 수밖에. 왼쪽으로는 억새풀과 어울린 백마능선이 보이고, 오른쪽으로는 넓은 광주 시내가 펼쳐진다. 구름 사이로 태양빛이 빛고을을 내리쬐는 풍경은 또 다른 장관이다.

내려오는 길, 서로 의지하며 달라붙은 서석대를 다시 한번 물끄러미 쳐다본다. 내 여행에 의지가 되는 동반자는 누굴까!

▶ 광주 무등산 입석대 앞에서

오직 신만이 창조할 수 있는, 인간은 절대로 흉내 낼 수 없는 절경이다. 화산활동으로 자연스럽게 생긴 기암괴석이 만들어낸 주상절리, 아슬아슬하지만 견고하게 하늘을 향해 솟아있는 돌기둥 앞에서 내 인생을 되돌아본다. 나에게도 저렇게 의지가 되는 동반자가 있다면.

광주광역시 북구 금곡동 산 1-1

나와 약속 있어요

되돌아보면 수많은 약속을 하며 살아온 나날이었다. 공식적이든 비공식적이든 약속의 연속이었다. 못 지킨 약속도 있고 지킨 약속도 있었다.

어떤 약속을 했을까?

어릴 때는 대부분 친구와의 약속이었다. 뒷동산에서 총싸움, 공터에서 술래잡기, 학교에서 돌아오자마자 아니면 주말에 친구들과 즐겁게 노는 약속들이었다. 이십 대에는 이성과의 약속이 중요했다. 영화감상, 여행, 데이트, 설레며 기다려지는 약속들이었다. 직장에 취직한 후로는 회사 동료와의 약속이 대부분이었다. 회의, 회식, 운동 등 수많은 약속을 하며 살아왔다.

약속의 만족도를 측정한다면, 과거로 거슬러 올라갈수록 높아진다. 그 약속들은 부담도 없고 기다리는 시간도 즐거웠다. 성인이 될수록 상대방을 의식하며 약속의 순수함을 잃어갔다. 약속에 책임감이 따르고 싫어도 어쩔 수 없이 해야 하는 약속도 많았다.

나를 위한 약속에서 남을 위한 약속으로 바뀌어 갔다. 약속의 지분을 따진다면 그 지분의 양이 점점 줄어들었다.

즐거운 약속으로 돌아갈 수 있을까?

약속에 대한 내 지분이 많을수록 약속의 만족감은 상승할 것이다. 지분이 많으면 약속날짜는 기다려지고 설렌다. 반대로 지분이 적으면 취소되기만을 간절히 바란다. 억지로 지키는 약속이 되며 피로감이 쌓인다.

사회생활이 길어질수록 소모적인 만남이 꺼려진다. 그러나 조직사회인지라 사람과 사람 간의 만남과 갈등은 피할 수가 없는 게 현실이다. 소통하고 타협하며 서로 상생하는 수밖에. 그런 와중에도 내 마음을 온전하게 쉴 수 있도록 군중 속에서 고립되는 삶을 그리게 된다.

이평 작가는《관계를 정리하는 중입니다》에서 떳떳하게 자신을 아낄 줄 아는 사람들을 부러워한다. 차후에 벌어질 일 따위는 걱정하지 않으며, '에라~ 모르겠다'는 심정으로 보기 좋게 관계를 망가뜨리기도 하면서 사는 것이 진정 자신의 인생을 위해 좋은 방법이 아닌지를 고민한다.

그는 미니멀 라이프를 추구한다. 불필요한 약속이나 감정을 최대한 줄이고, 꼭 필요한 사람들과 일들로 삶을 채워가기로 결심

한다. 쓸데없는 곳에서 감정을 소비하지 말고, 최대한 단순하게 그러나 행복하게 살기를 희망한다.

행복은 단순해질 때 가장 높은 가치를 끌어낼 수 있다고 한다. 그 해답 중 하나가 '나와 놀아주기'다. 여행하기, 사진찍기, 생각하기, 혼술, 오롯이 나만을 위한 약속 말이다.

꿈을 깨면 바로 현실로 돌아온다. 나와의 약속은 생각도 못 하고, 매몰차게 약속을 뿌리치지도 못한다. 내 인생의 주인공인 나를 떳떳하게 아끼지 못하는 삶을 살아간다.

나는 가끔 상상하곤 한다. 회사에서 누군가가 약속 있냐고 물었을 때, 이런 답을 거리낌 없이 하는 날이 오기를.

"아, 오늘은 나와의 약속이 있어서 안 되겠네요."

▶ 나주 혁신도시 일몰의 순간

나의 하루가 저물고 있다. 매일 같은 태양, 같은 일몰이라도 언제나 그 느낌은 다르다. 구름의 양이 결정적이고 내 스케줄이 그 다음이다. 나만의 약속으로 일찍 집에 온 날은 태양이 저물어가는 멋진 풍경을 끝까지 즐길 수 있는 혜택이 주어진다. 저 멋진 일몰을 찍으려고 아내를 졸라 비싼 망원렌즈를 산 것은 안물안궁.

전라남도 나주시 빛가람동

여행도 일상처럼

'Nobody's perfect.'

'완벽한 사람은 없다'는 명언이다. 왜 우리 사회는 완벽한 사람만 원하는가? 인간은 절대 완벽하지도 위대하지도 않다. 완벽하다면 그 뒤의 헝클어진 모습을 못 본 것일 뿐이고, 위대하다면 그 분야에 조금 더 노력했을 뿐이다. 단지 약간의 차이일 뿐이다. 다른 분야 또는 다른 환경에 처하면 인간은 똑같아지고, 지극히 평범해진다.

부장, CEO, 조직에서 높은 지위에 있는 사람들, 집에 가면 한낱 아버지, 어머니에 불과하다. 다른 조직 구성원이 볼 때는 일반인일 뿐이다. 조직을 떠나면 평범한 인간이고, 퇴직하면 실업수당을 받는 보잘것없는 존재가 된다.

자연에 대비해 인간을 보더라도, 아무리 뛰어나도 결국 언젠가 죽을 수밖에 없는 미미한 존재가 인간이다. 거대한 자연 앞에서 대항조차 할 수 없는 미약한 존재일 뿐이다. 완벽한 인간은 의미도 없고 필요도 없다. 조금 부족하면 어떤가! 평범하게 살면 어떤가! 그래도 세상은 돌아간다.

이 평범한 진리를 알면서도 왜 우리는 완벽해지길 그리도 원할까? 남들보다 더 뛰어나고 돋보이길 그리도 원할까? 가장 높은 지위에 오르려 그리도 애쓸까? 부족한 인간이기에 콤플렉스를 감추기 위함일까?

어릴 적 친구 중에 만화책을 가지고 있으면 인기 짱이었다. 다른 책과는 다르게 만화책은 묘한 매력이 있었다. 읍내에 나갈 일 있으면 무조건 만화방에 들렀던 시절이었다.

왜 그리 만화에 열광했지? 아이러니하게도 평범한 삶에 대한 탈피, 완벽한 존재로의 갈망이지는 않았을까? 만화를 보면서 우리는 영화필름도 같이 돌렸다. 눈으로는 만화를 보며 머리로는 영화감독, 촬영감독, 주인공이 되었다. 마지막 페이지를 덮는 순간 깊은 희열, 카타르시스를 느꼈다.

많은 작품 중 난《구공탄시리즈》에 흠뻑 빠졌었다. 거의 모든 시리즈를 다 봤을 정도였다. 어리숙하면서도 결국 성공하는 주인공, 불안전하지만 완벽한, 조연 같지만 주연인 그가 그리도 멋졌다. 그를 통해 대리만족을 느꼈는지도 모르겠다.

일상으로 돌아오면 다시 평범하거나 보잘것없는 인간이 된다.

잠시 꿈 꾼 것에 불과하다. 그래, 일상의 소소한 행복에 만족하며 하루하루를 살아가면 그만이다. 만화 속 주인공처럼 우리는 모두 만들어진 허상일 뿐이다. 언제가 사라지고 나면 먼지 하나 남지 않을 과거일 뿐이다.

보들레르는 여행도 일상처럼 따분함이 있다고 꼬집는다. '항해'에서는 멀리서 돌아온 여행자들을 빈정거리기까지 했다.

> 우리는 별들을 보았지,
> 파도도 보았지, 모래도 보았지.
> 그러나 수많은 위기와 예측 못 했던 재난에도 불구하고
> 우리는 자주 따분했다네, 여기서와 마찬가지로.

그러면서도 그는 여행에 대한 욕망을 버리지는 않았다. 여행에서 돌아오면 또 다른 여행을 꿈꾸기 시작했다.

반복되는 일상에 괴로워할 필요는 없다. 아름다운 여행지로 떠나는 이들을 부러워할 필요도 없다. 하루하루 소중한 일상을 여행처럼 살아가면 된다. 그러다 여유가 되면 훌쩍 어디론가 떠나면 그뿐이다.

▶ 퇴근길에 바라본 사무실 소나무

출퇴근하며 언제나 바라보는 소나무, 청명한 하늘과 노을빛 새털구름이 어울려 그 기품이 넘친다. 퇴근하다 말고 멋진 풍경의 소나무를 찍으며 소소한 행복을 느낀다. 마치 하늘에 심은 소나무처럼 멋진 작품 하나를 건지며 오늘의 여행을 마무리한다.

진흙 속에서

우리는 여론의 눈치를 본다. 여론이 형성되는 과정에서 자신의 입장이 다수의 의견과 동일하면 적극적으로 동조하지만 소수의 의견일 때는 침묵한다. 남에게 나쁜 평가를 받거나 고립되는 것이 두려운 것이다. 독일의 정치학자 노엘레 노이만이 제시한 '침묵의 나선이론'이다.

노엘레 노이만은 실험으로 이 가설을 증명했다. 누군가가 화난 얼굴로 공공장소에서 담배를 피워 남에게 피해를 주는 일에 반대하는 영상을 보여주며 의견을 들었다. 실험자 중 흡연자들은 흡연권을 강하게 주장하지 못했다. 자신의 의견이 남들에게 비난을 받을까 두려웠던 것이다.

침묵의 나선이론은 공공의 문제, 윤리의 문제에서 선명하게 나타난다. 여론의 방향으로 자신의 생각이 바뀌게 되는 경우를 우리는 종종 경험한다. 소수의 의견이 나쁜 평가를 받고 고립되는 것을 경험하면 다음부터는 자신의 의견을 숨기고 침묵해 버린다.

사람은 자신의 관점이 다수의 관점과 일치하는지 확인하고 싶어 한다. 대중매체나 여론조사 등을 통해 다수의 의견과 다를 경우 자신의 의견을 방향 전환한다. 선거일에 임박해 여론조사 결과를 공개하지 못하게 하는 이유다.

일상에서 침묵의 나선이론은 자주 발생한다. 똑똑하다고 인정받는 동료, 지위가 높은 상사, 그들과 대화하다 보면 쉽게 확인할 수 있다. 그들의 의견과 분명히 다른데도 맞다고 동조해 버린다.

침묵 당한 생각은 결국 발산하고 싶은 욕구를 불러온다. 종교적 권위에 눌려 지구는 평평하다고 말하고는 뒤돌아서서 지구는 둥글다고 말한 콜럼버스와 같다. 결국 친구, 부하, 가족에게 자신의 의견을 표출하며 스트레스를 푼다.

'아, 그럴 수도 있겠구나.'

다른 사람이 나와 다른 의견을 제시했을 때 이렇게 받아들이는 게 소통의 정석이라 배웠다. 그러나 현실에서는 적용이 어렵다. 주류와 다른 의견은 묵살과 면박을 당한다. 창피와 두려움에 다음부터는 자신의 의견을 감추고 거짓으로 동조한다.

정치에서 여론은 매우 중요하다. 여론이 국민을 움직이고 선택과 판단의 지표가 된다. 코로나19나 백신도 마찬가지다. 다수의 의견에 따라야 한다. 어겼다가는 주류에 끼지 못하고 질타를 받는다.

한여름 더위 속에 법정 스님은 왕복 이천 리 길의 회산백련지를 찾았다. 정든 사람을 만나는 두근거림으로 연꽃을 만났다고 그는 말했다. 진흙 속에서도 고결함을 잃지 않는 하얀 연꽃에서 한결같이 자기 뜻을 말하는 오랜 친구나 부처님을 생각했을 터.

남들의 시선과 주위 환경에 물들지 않고 자신의 뜻을 펼치는 삶을 살고 싶다. 다수의 의견이 사회를 이끄는 힘일 수도 있지만 소수의 의견도 존중되어야 한다. 세월이 지나 소수의 의견이 맞는 경우도 있다.

진흙에 물들지 않는 하얀 연꽃 사이를 걸으며 내 작은 의견을 속삭인다.

▶ 무안 회산백련지에서

넓은 잎으로 비밀을 감추고 부드럽게 나부끼며 연꽃을 키우는 연잎들, 진흙 속에서도 꿋꿋이 하얗게 피어나는 연꽃, 동양 최대 백련 자생지가 무안에 있다. 주민 한 명이 저수지 가장자리에 심은 백련 12그루가 이렇게나 많이 퍼진 것이다. 카메라에 더욱 선명하게 찍히는 하얀 백련을 원 없이 보고 싶다면 법정 스님처럼 무안으로 달려오시길.

전라남도 무안군 일로읍 백련로 333

다듬어지는 감정

전남 신안은 섬이 1,004개나 된다고 하여 '천사의 섬'으로 불린다. 그 수많은 섬 중에 조금 특별한 섬이 있다. 눈에 보이는 것이 온통 보라색인 섬, 일명 '퍼플 섬'이 그 주인공이다.

누구나 첫 번째로 궁금해하는 것이 '보라색'이다. 박지도라는 조그만 섬에 살고 계셨던 할머니가 '두 발로 걸어서 육지로 나가고 싶다.'라는 소망이 계기가 되었다고 한다.

신안군은 2007년 육지 쪽과 연결된 안좌도 선착장과 조그만 두 개의 섬인 박지도와 반월도를 연결하는 총 길이 1.46㎞의 목조교를 놓았다. 어떻게 하면 좀 더 특색 있는 섬을 만들 수 있을까 고민하다 섬에 자생하는 보라색 왕도라지 꽃을 보고 보라색을 택하게 되었다. 2018년부터 본격적으로 주민들과 함께 섬마을 지붕과 다리를 보라색으로 칠하고 보라색 꽃길을 조성하기 시작했다.

보라색은 파랑과 빨강이 겹친 색이다. 우아함, 화려함, 풍부함,

고독, 추함 등 다양한 느낌이 공존하는 색이다. 품위 있는 고상함도 있고 외로움과 슬픔도 담긴 색이다. 예술과 신앙의 분위기도 있다. 또한 장엄, 위엄과 더불어 여성적이고 화려한 특성도 있다. 심리적으로는 불안한 마음을 정화시켜 주는 역할도 한다.

다양한 정서를 품고 있는 것이 꼭 인간의 마음을 표현하는 듯하다. 품고는 있으나 쉽사리 드러내서는 안 되는 인간의 감춰진 감정과도 같다. 우리는 내면을 쉽사리 드러내서는 안 된다. 그러는 순간 주위 사람들로부터 감정을 통제하지 못한다는 평가를 받기 십상이다.

장자의 투계 이야기가 있다. 투계 훈련전문가인 기성자라는 사람이 왕의 닭을 훈련시키고 있었다. 열흘 후 왕이 찾으러 가니 "아직 안 됩니다. 공연히 허세를 부리며 제 기운만 믿고 있습니다."라고 했다. 다시 열흘 후에도 "아직 안 됩니다. 다른 닭의 울음소리나 그림자에도 반응을 보입니다."라고 했다. 다시 열흘 후에도 "아직 안 됩니다. 상대를 노려보며 성을 냅니다."'라고 했다.

다시 열흘 후 왕이 찾으니, "상대가 울음소리를 내도 태도에 아무 변화가 없습니다. 멀리서 보면 마치 나무로 만든 닭 같습니다."라며 그제서야 거의 다 됐다고 했다. 상대의 행동에 동요하지 않고 의연하게 반응하며 자신의 감정을 완전히 통제할 줄 아는 도인의 경지에 오른 것이다.

감정을 쉽게 드러내고 행동하던 시절을 거쳤다. 그때는 감정을 절제할 줄도 몰랐고 그게 인간의 본성이며 정답인 줄로만 알았다. 혈기가 왕성해 분노까지 모든 감정에 충실한 때였다. 하긴 그래야 경쟁에서 이길 수 있었고 남에게 자존심을 세울 수도 있었다.

세월은 그 감정들을 조금씩 깎아내고 다듬었다. 수많은 관계, 사랑, 이별, 아픔, 슬픔, 이런 경험들을 겪고 나서야 조금은 통제할 수 있는 힘을 기를 수 있었다.

이제는 감정 드러내기를 주저한다. 내 감정이 드러나는 순간, 닥칠 결과가 두렵기에. 감정을 잃었지만 평온을 얻었다.

▶ 신안 퍼플 섬은 온통 보라빛

10.8km의 천사대교 개통으로 이제 신안도 자동차 여행이 가능해졌다. 박지도와 반월도를 잇는 보라색 다리가 유명한 퍼플 섬을 찾았다. 보라색 옷을 입고 가면 입장료가 무료라는 안내문에 내심 미리 검색하지 못한 걸 후회했지만 보라색 옷이라면 자칫 사진이 별로였을 것 같다는 생각도 들었다. 역시 인간의 감정은 이랬다 저랬다 변화무쌍이다.

전라남도 신안군 안좌면 박지리

에필로그

성장하기 위해
다시, 여행이다

경부고속도로는 길고도 넓었다.

대학교에 입학하고 택시에 짐을 싣고 처음으로 고속도로라는 곳에 올라탄 1990년대의 일이었다. 지금은 왕복 10차선도 더 되지만 그 당시만 해도 왕복 4차선 도로는 내 가슴을 벅차게 만들기에 충분했다.

청주에서의 자취를 홀로 시작하면서 가장 큰 두려움은 외로움이었다. 처음으로 부모와 떨어져 독립을 시작했지만 낯선 타지에서 홀로 지낸다는 건 무척이나 외롭고 쓸쓸했다. 얼른 학업을 끝내고 고향에 돌아가 가족과 행복하게 사는 걸 꿈꾸었다. 그때만 하더라도 고향을 떠나 계속 타지를 떠돌게 되리란 걸 상상조차 하지 못했다.

그렇게 시작한 타지 생활은 취직을 해서도 계속 이어졌다. 포천, 평택, 안양, 수원, 과천, 나주, 교토, 그리고 다시 나주…. 고향을 벗어나 돌아다닌 세월, 정착하지 못하는 아쉬움도 있지만 우리 나라가 아니, 세계가 좁아 보인다는 시각적 레벨 업이 되었다.

내 여행은 나에게 어떤 영향을 주었을까?

여행도 또 다른 일상이라는 점에서 즐겁지만은 않다. 그러나 여행이 일상과 다른 점은 '변화'다. 일상은 매일 반복되는 오늘을 살아간다. 일어나면 같은 길로 출근하고, 회사에서 비슷한 일을 하고, 크게 바뀌지 않는 동료들과 만나고, 다시 같은 길로 퇴근하고, 집에서는 TV를 보거나 야식을 먹고 잠든다. 그리고 오늘 같은 내일에 다시 눈을 뜬다.

여행은 다르다. 매일 다른 풍경, 다른 사람, 다른 사건들이 기다린다. 오늘 무엇을 보고, 누구를 만나고, 무슨 일을 할까 기대되고 설렌다. 그로 인해 내 눈은 커지고 가슴은 넓어진다.

《긍정이와 웃음이의 마음공부 여행》에 나오는 행복 이야기는 일상과 여행을 되돌아보게 만든다. 긍정이와 웃음이는 인도의 성스러운 갠지스 강을 건너고 있었다. 갠지스 강은 넓고 평화로웠다. 사공은 젊었으나 깊은 눈을 가진 사람이었다. 긍정이가 노를 젓고 있는 사공에게 말을 걸었다.

"사공을 하신 지는 얼마나 되셨나요?"

"40년입니다."

"예?"

"다섯 살 때부터 노를 저었지요."

"행복하신가요?"

"그럼요."

"힘들지 않으세요?"

"힘들지요. 수입도 적고요."

"힘든데도 행복하세요?"

사공이 답변하며 물었다.

"그럼요. 여행이 힘들지 않으세요?"

"힘들지요…"

대답해 놓고는 할 말이 없었다. 사공은 말을 이었다.

"힘든 것과 행복하지 않은 것과는 별 상관이 없지요. 강물에 안 떠내려가려면 노를 저어야 합니다. 행복에 이르려면 마음의 노를 계속 저어야 합니다."

어쩌면 내 인생은 큰 범주의 여행이었는지도 모른다. 한 곳에 익숙해질 만하면 새로운 곳으로 떠났고 그곳에서 낯선 환경을 접하고 새로운 사람을 만나고 다양한 이야기를 만들어 냈다. 반복되는 일상에서 변화된 하루하루를 살았다.

내 여행에도 힘든 일이 많았지만, 난 그 여행을 통해 성장했다. 그리고 행복했다.

부록

전남 어디가 좋아?

최고의 여행지란?

한국여행작가협회 양영훈 작가가 방문한 날은 코로나19가 잠시 주춤해 강의가 재개되기 시작한 10월 하순의 어느 가을날이었다. 교육생 반응이 시원찮은데도 비대면 원격교육을 능숙하게 끝낸 그를 나주 곰탕집으로 안내했다. 뽀얀 흰 국물로 유명한 나주곰탕, 그 중에서도 '하얀집'은 맛집으로 꽤나 유명했다. 점심시간이 되기도 전에 식당 앞은 벌써부터 줄이 길게 늘어서 있었다.

"비 올 때 여행하기 가장 좋은 곳이 어딘지 알아요?"

곰탕 한 수저를 뜨며 양 작가가 불쑥 물었다.

"네?"

선뜻 대답하지 못하는 나를 바라보던 양 작가는 말을 이었다.

"여행을 갔는데 마침 비가 내린 곳입니다."

그동안 여행을 다니다 비가 온 곳을 기억해 보라 했다. 좋은 곳에서 비를 만났을 뿐, 바로 그곳이 비 올 때 여행하기 가장 좋은 곳이라 했다.

'오빠, 여행, 추천',

여행 시즌이 되면 연인들은 네이버 창에 검색을 시작한다. 좋은 장소 중에서도 연인과 함께 가기 좋은 곳을 고르는 것이다.

전남의 봄은 지리산 골짜기 산수유와 섬진강 벚꽃으로 물들고, 시원한 계곡물을 머금고 녹음이 꽉 들어찬 여름을 보내고 나면 꽃무릇과 국화 향 가득한 가을을 만든다. 눈이 덜한 영산강은 억새의 나부낌에 서해로 남해로 흘러만 간다.

그렇다면 전남에서 연인과 여행하기 좋은 곳을 어디일까?

고민할 필요가 없다. 차에 시동을 걸고 자연으로 달려가기만 하면 된다. 그리고 그 옆 좌석에 누군가가 앉아 있으면 된다. 발길이 닿는 곳, 그곳에 사랑하는 사람과 함께 있으면 된다. 바로 그곳이 최고의 여행지다.

▶ 양영훈 작가 온라인 원격강의

코로나19로 교육생들에게 온라인 원격으로 강의하시는 양영훈 작가의 뒷모습이다. 코로나19 시대 변화된 여행 트렌드에 대해 열심히 강의하시는 모습, 마음 편히 집합교육이 가능해지고 여행도 다닐 수 있는 세상이 얼른 왔으면 좋겠다.

01
일몰이 황홀한, 세방낙조

구부러진 산길을 올라가니 진도타워가 우뚝 서 있었다. 타워 레스토랑에서 파스타와 콜라를 주문했다. 메모지도 없이 주문을 받던 주인은 결국 실수를 하고 말았다. 콜라가 영 나오지 않았던 것이다. 느끼한 파스타를 꾹 참고 끝까지 먹었다. 말을 할까 망설이다가 참았다. 귀찮고 번거로웠다. 아니, 엉성한 시스템에 기분 나빠서였겠지.

"어 콜라가 빠졌네. 말씀을 하시죠?"

계산을 하는데 할 말을 잃게 만들었다. 사과해도 시원찮을 판에 나보고 얘기하지 않았다고 나무라는 말투에 느끼한 파스타가 목구멍을 타고 올라오는 듯했다.

타워 앞 광장을 산책하며 마음을 가다듬었다. 울돌목 물살은 거세게 흘러가고 있었다. 그날의 치열했던 전투가 오버랩되며 병사들의 함성 소리가 들리는 듯했다.

벽에 새겨진 이순신 장군의 일기가 눈에 들어왔다. 엄청난 적군 수에 놀란 장수들이 앞으로 나서지 못하고 뒤에 숨는 것을 보며 장군은 소리쳤다.

"군법으로 엄히 다스릴 것이다."

그제야 장수들은 적진으로 향했다.

그날의 전투에 나를 캐스팅해 보았다. 하나뿐인 목숨, 수많은 적군 속으로 감히 들어갈 수 있을까? 내가 장수였다면 그럴 수 있을까?

코로나19 탓에 적은 인원으로 운영하는 레스토랑, 사장 혼자 손님을 받고, 음식을 나르고, 소독도 해야 할 터. 정신없는 와중에 콜라 하나 못 챙길 수도 있지. 내가 사장이었다면 한 치의 오차도 없이 잘 할 수 있었을까?

보이는 게 다는 아니다. 우리는 태어날 때 울지만 부모들은 기뻐 웃는다. 잎새는 색이 바래고, 노을은 가라앉지만, 사람들은 감탄한다. 서서히 저물어가는 저녁노을은 분명 하루를, 한 해를 마무리하는 지친 몸일 텐데, 바다로 가라앉는 태양은 아름답기 그지없다.

붉은 태양에서 하루가 보인다. 아름다운 그 모습에서 힘겨운 무게가 느껴진다.

태어날 때 나는 울었지만,

사람들은 그런 나를 보고 웃었다.

피상과 내면의 차이,

그리고 오해…

자연은 생을 마감하려 색이 바래지만

사람들은 그걸 보고 감탄한다.

- 세방낙조에서 -

※ 진도 세방낙조

- 주소

전라남도 진도군 지산면 가학리 산34

- 입장료

무료

- 개요

진도 해안도로를 따라 중간쯤에 만들어진 '세방낙조' 전망대는 우리나라 노을 명소다. 일몰이 가까워지면 사람들이 솟대 주변으로 몰리고, 작은 섬들 사이로 사그라드는 붉은 태양을 카메라에 담는다면 황홀한 노을 여행이 될 것이다. 다도해의 푸른 바다가 순식간에 붉게 물드는 일몰 순간에 연인과 함께라면 금상첨화.

02
묵향이 스며있는, 다산초당

역대를 이어오는 작가와 책들, 교과서에서는 후대 지침서가 되고 인류문명과 함께 역사를 이어간다. 《성경》은 39억 부 팔리며 전 세계 베스트셀러 1위에 등극했다. 2위는 《마오쩌둥 어록》, 3위는 《해리포터》가 차지했다. 그렇게 인류가 남긴 글은 무구한 세월을 함께한다.

문자뿐만 아니라 집필 도구가 변변찮은 시기에도 인류는 수많은 글을 남겼다. 시험문제 단골 메뉴였던 《삼국사기》, 《삼국유사》는 남기지 않았으면 몰랐을 까마득한 과거의 역사를 기록했다. 조선은 왕실의 일기를 실록으로 엮었으며, 《홍길동전》이나 《동의보감》처럼 소설, 전문서 할 것 없이 다양한 장르의 책을 수없이 남겼다.

지금도 수준 높은 글을 쓰는 이들이 많다. 교보문고에서 발표한 지난 10년간 누적 판매량 20위의 베스트셀러에는 신경숙, 조정래, 공지영, 김영하 등 여덟 명의 우리나라 작가도 포함되었다. 조금 아쉬운 건, 국내 역대 도서판매량 순위 1위는 4천만 부가 팔린 《수학의 정석》이라는 사실이다.

예전이나 지금이나 작가들은 아무리 여건이 안 좋아도 글쓰기를 포기하지 않았다. 최인호는 암 투병을 하며 원고지로 소설을 완성했고, 다산은 깊은 산중에서 오백 권의 책을 썼다. 게다가 그들은 컴퓨터가 아닌 종이와 펜으로 글을 썼다.

언어 중에서 창제자, 창제 시기, 창제 이유가 기록되어 있는 것은 '한글'이 유일하다고 한다. 세종대왕이 한글을 창제하면서 우리만의 언어로 글을 남기고 있지만 우리 글이 없던 시기에도 한자를 차용해서라도 글을 남겨왔다.

분명 누가 시키지도 않았는데 인간은 글을 쓰고 남긴다. 인류가 생존할 수 있는 원동력이다. 글쓰기는커녕 1년에 책 몇 권 제대로 읽지 않는 요즘을 사는 바쁜 현대인들, 그 무리 속에 하나인 나.

다산 초당을 찾아 글쓰기의 소중함을 되새긴다. 말은 사라지지만 글은 영원히 남는다.

※ 다산 초당

– 주소

전라남도 강진군 도암면 다산초당길 68-35

– 입장료

무료

– 개요

조선시대 실학자 정약용이 11년 동안 유배생활을 하며 《목민심서》, 《경세유표》, 《흠흠신서》 등 500여 권에 달하는 많은 저서를 남긴 곳이다. 옛 초당은 무너져서 1958년 강진 다산유적보전회가 재건했는데, 원래 모습은 풀로 초가를 만든 집이라 초당이라는 이름이 붙었다. 초당 뒤 언덕 암석에는 다산이 직접 새긴 '정석(丁石)'이라는 글자가 있으며, 초당 옆에는 자그마한 연못이 있다. 초당 뒤로 올라가면 고찰 백련사로 이어지며 그곳에서 추사 김정희와 대담한 것으로 전해진다.

03
온 몸으로 해를 맞이하는, 향일암

세상에는 세 가지 싸움이 있다고 빅토르 위고는 말했다. 사람과 자연의 싸움, 사람과 사람의 싸움, 그리고 자신과의 싸움이다. 이중 가장 힘든 싸움은 단연 자신과의 싸움이라 했다.

싸움의 정석은 등산 같은 운동에서 잘 나타난다. 산을 오를수록 끊임없이 자신에게 싸움을 건다. 숨을 헐떡이고 갈증에 허덕이며 포기할까를 고민한다. 극한의 순간이 올 때마다 갈등하며 자신과 싸운다.

남과의 싸움은 경쟁자를 만든다. 이기는 순간 그는 적이 된다. 나와의 싸움은 반대다. 온전히 내 편으로 만드는 순간이다. 자신을 극복하며 정상에 오르는 순간, 짜릿한 쾌감을 느낀다.

사찰이라고 전부 평탄한 산책길을 기대해서는 안 된다. 여수 향일암은 '해를 바라본다'는 절 이름처럼 남해를 바라보며 금오산 절벽 사이에 턱 하니 자리잡고 있다. 여느 절과는 다른 산사길에 힘든 싸움을 걸지만 대웅전에 도착하는 순간 만족할 만한 보상을 받을 수 있다.

향일암은 원효대사가 659년(의자왕 19)에 창건했다고 전해지는데 관음전 앞에는 원효대사가 수도했다는 좌선암도 있다. 힘들게 오르고 바위 벽을 통과한 후에 맛보는 다도해의 절경, 일출 시간까지 맞춘다면 남해의 일품 풍경을 선사하기에 전국 각지에서 관광객들이 몰려드는 명소다.

향일암으로 올라가는 길, '나쁜 것은 듣지도 말고, 보지도 말고 말하지도 말라'는 동자승의 가르침을 새기고, 좁은 바윗길을 통과하면 바위 절벽을 베개 삼아 온몸으로 해를 맞이하는 대웅전은 그야말로 한 폭의 풍경화나 다름없다.

여수 밤바다에서 낭만을 즐기고 조금 일찍 일어나 남쪽으로 달려 바다 위 촛불을 밝힌 일출을 즐긴다면, 한층 업그레이드된 사찰 여행이 될 것이고, 금상첨화의 여수 여행을 즐길 수가 있다.

※ 여수 향일암

– 주소

전라남도 여수시 돌산읍 향일암로 70-10

– 입장료

성인 2,500, 청소년 1,500, 어린이 1,000

– 개요

홍련암, 보리암, 보문사와 함께 4대 관음기도처 중 하나인 '향일암'은 해를 향한 암자로 유명하다. 신라 선덕여왕 8년 원효대사가 창건했다고 전해진다. 금오산 기암절벽을 배경으로 다도해의 일출을 볼 수 있는 해맞이 명소로도 알려져 있다. 가파른 산길을 오르고 집채만 한 거대한 바위 두 개 사이로 난 석문을 통과하면 절벽 중턱에 아찔하게 세워진 대웅전이 모습을 드러낸다.

04

연인과 걷기 좋은, 담양 가로수길

유시민 작가는 중국의 거대한 자금성과 만리장성을 보면 감동이 없다고 했다. 크고 멋지다는 감탄보다 인간의 욕망이 허망하다는 사마천의 한탄이 떠오른다고 했다.

세계에서 가장 큰 고대 건축물인 자금성은 20만 명이 동원되고 15년 걸려 건축되었다고 한다. 총 길이 6,500km 세계 불가사의의 하나인 만리장성은 몇 명이 동원되었고, 얼마나 걸렸는지조차 모를 정도라고 한다. 어마어마한 인력과 비용을 들여 만든 것들, 지금에 와서는 당초 목적대로 사용되지 않는다. 그 당시의 위엄과 용도는 완전히 사라졌다. 지금은 단지 관광지일 뿐이다.

옛날 자국 보호의 상징이었던 만리장성은 당시 목적상 지금에 와서는 아무짝에도 쓸모없는 가치가 되었다. 한 시기에 중요하다고 생각했던 가치가 얼마나 허망한가를 보여주는 것이다. 지금 우리가 중요하다고 생각하는 것도 언젠가 시간이 지나면 똑같이 변할지도 모른다.

사마천은 《사기열전》 첫머리를 백이 · 숙제 이야기로 시작한다. 주나라 무왕이 은나라를 쳐들어가려는 것을 반대했지만 무왕은 은나라를 멸한다. 그 당시 주나라는 은나라 신하의 나라였다. 은나라 왕자였던 백이와 숙제는 주나라 곡식 먹기를 거부하고 의를 지키며 수양산에 들어가 굶어 죽었다.

사마천은 《사기열전》 마지막을 노자의 말씀으로 맺는다. 노자는 하늘의 도는 사사로움이 없어 늘 착한 사람과 함께한다고 했는데, 어진 백이와 숙제는 굶어 죽었다고 한탄한다. 반면 춘추시대 유명한 도적이었던 도척은 죄 없는 사람을 죽이고 그들의 살을 육포로 먹었는데 천수를 누렸다고 의문을 제시한다.

중국 여행을 가면 당연히 들르는 자금성과 만리장성, 그 거대한 건축물들은 지금에 와서 유명무실한 가치가 되었지만, 사마천의 의문은 지금도 유효하게 계속되고 있다. 가치란 변화무쌍하다. 사라지는 가치, 이어지는 가치, 그리고 재발견된 가치도 있다.

문화의 재발견, 자연의 재발견, 나눔의 재발견 등 기존 관념에 새로운 면모를 발견해 내면 그것들은 또 다른 가치를 지닌다. 어쩌면 세상의 모든 것들은 고정된 가치가 없는지도 모른다. 가치를 꾸준히 이어가기도 하고, 상실하기도 하고, 새롭게 발견하기도 한다.

어느 지자체에는 '가치가'가 있다고 한다. 그 지역의 새로운 면모를 발견해 내는 일이 임무다. 그동안 몰랐던 어떤 테마에 대한 새로운 가치를 찾아 문화상품으로 키우고 지역경제를 활성화시킨다. 그간 모르고 지나쳐 버린 가치들, 더 늦기 전에, 모르고 사장되기 전에 찾아내야 할 것이다.

담양을 감돌아 흐르는 담양 천을 따라 관방제림이라는 곳이 있다. 홍수피해를 막기 위해 제방을 만들고 나무를 심은 인공림으로 선조들의 자연재해를 막는 지혜를 알 수 있는 곳이다. 푸조나무, 팽나무, 벚나무, 음나무 등 수백 년 된 아름드리 나무들이 줄지어 서 있다. 역사적, 문화적 중요한 가치를 지니므로 천연기념물로 지정해 보호하고 있는 곳이다.

담양은 관방제림을 중심으로 죽녹원과 메타세쿼이아 길, 메타프로방스 등 관광지가 이어져 있다. 메타세쿼이아 길도 새로 도로를 신설하면서 구 도로의 가로수였던 메타세쿼이아를 그대로 보존하면서 중요 관광자원이 된 것이다.

옛 가치를 버리지 않고 보존하는 담양에서 가치 있는 여행을 즐겨보자, 연인과 같이.

※ 담양 관방제림, 메타세쿼이아 길, 죽녹원

– 주소

(관방제림) 전라남도 담양군 담양읍 객사7길 37

(메타세쿼이아 길) 전라남도 담양군 담양읍 메타세쿼이아로 25

(죽녹원) 전라남도 담양군 담양읍 죽녹원로 119

– 입장료

(관방제림) 무료

(메타세쿼이아 길) 성인 2,000, 청소년 1,000, 어린이 700

(죽녹원) 성인 3,000, 청소년 1,500, 어린이 1,000

– 개요

· (관방제림) 관에서 제방을 축조하고 나무를 심은 '관방제림'은 약 2km에 걸친 거대한 풍치림으로 유명하다. 수령 300년 이상인 나무들이 빼곡하게 자리를 잡고 있어 둑방 길을 따라 계절에 상관없이 산책하기에 더없이 좋은 장소이다. 앞뒤로 담양의 명소인 메타 프로방스, 메타세쿼이아 길, 죽녹원과 이어져 있다.

· (메타세쿼이아 길) 24번 국도길 바로 옆으로 새 도로가 뚫리면서 산책로로 조성된 길이다. 총 길이 8.5km로 양쪽 길가에 메타세쿼이아가 심어져 있어 걷기에 더없이 좋다. 이국적 풍경으로 한국의 아름다운 길로 뽑힌 곳이다.

· (죽녹원) 담양의 명소인 대나무 숲 공원으로 넓이가 16만㎢에 달한다. 총 2.2km의 산책로가 미로처럼 나 있으며 생태 전시관, 인공폭포, 죽향 문화체험마을, 대나무 박물관 등 볼거리가 풍부한 곳이다. 사계절 울창한 대나무 숲, 그 사이로 새어나오는 빛 줄기와 바람 소리에 매료되는 담양의 필수 관광 코스다.

05
남도 들녘을 내려다보는, 두륜산

세계 미래학계의 대부 짐 데이터는 '미래는 예측할 수 없다.'라고 했다. 정말로 미래는 예측하는 것이 아니라 만들어가는 것이라는 것을 이번 코로나19로 우리는 확실히 배우고 있는 중이다.

그래도 바이러스는 미래의 가장 무서운 적이라는 예측은 맞았다. 예측이 빗나가길 바랐는데 결국 전 세계가 바이러스의 공포에 휩싸이고 전쟁, 지진, 태풍보다도 더 무서운 존재라는 것을 실감하게 되었다.

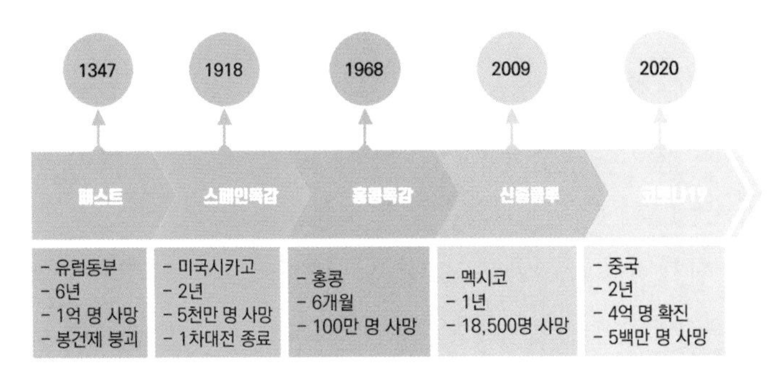

* 2021년 2월 18일 기준
https://coronaboard.kr/ (코로나19 실시간 상황판) 참고

테러, 금융위기, 자연재해 등 제1, 2차 세계대전이 끝나고 인류를 위협하는 사건들이 간헐적으로 있었는데 이번 코로나19는 그에 못지않은 큰 사건임에는 틀림 없다. 지구상에 팬데믹이라 불리는 질병이 다섯 번 있었지만 선진화되고 의료체계가 발달한 현대에 코로나19는 상당히 큰 영향을 미쳤다. 코로나19는 2년 넘게 수백만 명의 사망자를 낳았고, 전 세계 경제, 사회, 문화, 체육 모든 걸 마비 시켰다.

반면, 코로나바이러스는 인류에게 큰 교훈을 주기도 했다. 어쩌면 인류를 구원할 메시지를 주는지도 모르겠다. 바로 환경의 중요성을 깨달은 점이다. 코로나19에 따른 봉쇄조치로 전 세계적으로 에너지 사용량이 줄면서 대기 오염은 급격히 개선되었다. 유럽연합EU 기후관측 보고서에 따르면 2020년 한 해 전 세계의 이산화탄소 배출은 전년 대비, 즉 코로나19 이전 대비 7%가 감소했다고 발표했다.

모든 생물은 멸종의 과정을 거치고 있고 인간도 멸종할 수 있다. 지구상에 생물이 생긴 이래 다섯 번의 대멸종을 겪었다. 환경변화가 가장 큰 이유였고 멸종 후 새로운 종이 탄생했다. 대멸종 시기마다 지구 온도는 6도가 변했고 2도가 오르는 순간 6도까지는 급속도로 올라갔다. 즉, '2도'는 인간 멸종을 가져오는 온도다. 인류는 환경보호의 심각성을 깨닫지 못하고 계속 지구를 데우는 중이다.

세계는 하나다. 중국에서 시작한 코로나는 전 세계로 퍼졌다. 한 나라의 방역으로만 끝나는 시대는 지났다. 수많은 사람이 오고 가는 국경 없는 지구촌이기에 사회, 경제가 거미줄처럼 연결되어 차단할 수 없는 단계까지 왔다. 나비효과처럼 한 지역에서의 몸짓이 세계로 퍼져 나가는 시대를 맞고 있다. 코로나바이러스를 계기로 우리는 하나라는 인식을 가지고 환경오염을 줄여 새로운 지구촌을 만들어가야 한다.

등산은 어쩌면 바이러스와도 같다. 근육에 보이지 않는 무언가가 침투해 고통을 준다. 포기라는 무의식의 저항이 의지를 괴롭힌다. 그렇다고 앞으로 나아가지 않을 수 없다. 정상을 향해 아파도 참고 가야 한다. 힘들면 잠시 쉴 수는 있지만 이내 걸음을 재촉해야 한다. 그렇게 정상에 오르면 시원한 바람과 뻥 뚫린 경관, 새파란 하늘, 멋진 능선들이 그간의 수고를 보상해준다.

코로나19 때문인지 언제부턴가 청정지역인 산을 선호하게 된다. 땅끝마을인 해남에 다도해를 굽어보며 우뚝 솟아난 두륜산, 703m로 그리 높지 않은 산이다. 게다가 케이블카가 있어 목재 등산로 286계단만 오르면 남도 들판과 남해의 비경을 한눈에 조망할 수 있다.

20분마다 운행하는 케이블카를 타고 내려, 쉬엄쉬엄 주변 풍경을 감상하며 올라가면 금세 정상에 다다른다. 정상 전망대 옥상에 오르는 순간 땀을 닦을 여유도 없이 펼쳐지는 풍경에 입이 쩍 벌어진다. 가슴이 확 트이며 더 멀리 시야를 확대한다.

화창한 날에는 제주도 한라산도 보인다고 하는데, 남해의 모습조차 쉽게 허락하지 않는 날이 많다. 바로 미세먼지 때문이다. 정상에 올라서면 맛볼 수 있는 쾌감을 허무하게 무너트리는 환경오염, 바로 우리 인간 탓이다.

방역지침을 잘 지켜 코로나19를 종식하고, 환경오염을 줄여 깨끗한 지구를 만드는 것, 바로 우리가 만들어 나가야 할 미래의 참모습이다.

※ 해남 두륜산

– 주소

(두륜산 케이블카) 전라남도 해남군 삼산면 대흥사길 88-45

– 입장료

케이블카 탑승료 성인 11,000(20분 간격 운행)

– 개요

해남에서 다도해를 바라보며 우뚝 솟은 703m의 산으로 1979년 도립공원으로 지정되었다. 두륜산은 산 모양이 둥글게 사방으로 둘러서 솟은 '둥근 머리', '둥글넓적한'에서 유래했다고 하는데, 케이블카를 타고 10여 분만 더 오르면 남도 들녘과 다도해가 눈 앞에 펼쳐지는 곳이다. 두륜산에는 천년고찰 대흥사가 자리 잡고 있어 사찰여행과 함께한다면 금상첨화다.

06
자연에 정원을 담은, 소쇄원

시커먼 아궁이 속이 벌겋게 타오르면 육중한 가마솥 뚜껑이 들썩이기 시작한다. 아낙의 투박한 칼질에 파, 마늘, 양파, 고추는 송송 널브러지고 칼등에 실려 냄비 안으로 쓸려 들어간다.

온돌을 데운 연기는 굴뚝을 타고, 부엌에서 스멀스멀 올라오는 찌개 냄새는 식욕을 자극한다. 시장이 반찬이라고 렙틴 호르몬이 저절로 분비되고 꼬르륵 소리로 신호를 보낸다.

밥상을 놓기가 무섭게 아이들은 달려들어 젓가락질에 온 정신을 집중한다. 씹기가 무섭게 밥알을 삼키며 남들보다 한 숟갈이라도 더 뜨고자 총성 없는 전쟁을 치르던 내 어린 시절 시골 풍경이다.

내가 태어날 때 할아버지가 심었다는 내 나이와 같은 배나무는 어느새 두툼한 껍질로 덮인 육중한 자태가 되었다. 봄에는 배꽃이 피어 집 주위는 온통 눈이 온 것처럼 하얗게 변했고, 각종 채소가 심어진 나무 밑은 시기별로 종류와 색깔을 달리하며 울긋하고 불긋했다.

여름에 배가 여물기 시작하면 과수원 옆에는 원두막이 세워졌다. 인근 숲에서 삐뚤빼뚤한 나무를 골라 만든 초라한 그곳에서 수박을 쪼개 먹으며 틈틈이 까치도 쫓고, 더위도 쫓았다.

그렇게 내 어린 시절 시골집은 거대한 정원과도 같았다. 온통 나무와 꽃과 채소로 둘러싸인 자연 속에서 살았지만 당시에는 그게 당연한 삶인 줄만 알았다. 나이가 들어 시골을 떠나 메마른 도시에서 살다 보니, 나도 모르게 그 시절 그 자연의 혜택이 그리워진다.

황금 들판, 천혜의 경관을 지닌 전남, 어느 지역보다도 자연의 혜택을 많이 받은 이곳에도 수많은 멋진 정원들이 곳곳에 담겨 있다.

양산보가 살았다는 '소쇄원'은 산과 계곡을 그대로 이용해 평온하고 아늑한 삶터를 만들었다. 정원이라 하면 보통 정원에 자연을 담지만, 소쇄원은 반대로 자연에 정원을 담았다. 있는 그대로의 자연을 정원화한 것이다. 우리나라 정원의 극치다.

인근에는 '죽화경'이라는 오랜 시간 일군 개인 정원도 있다. 거무스름한 대나무와 꽃들의 조화, 산골짜기를 따라 구불구불 꽃길을 걷다 보면 심신이 정화되고 마음이 평온해진다.

정원과 함께하는 삶, 어린 시절에는 미처 그 감사함을 몰랐던 정원, 자연 속에서 하나가 되어 즐기는 삶, 어찌 마다할 수 있을까!

※ 소쇄원

– 주소

전라남도 담양군 가사문학면 소쇄원길 17

– 입장료

성인 2,000, 청소년 1,000, 어린이 700

– 개요

조선 중종 때 학자 양산보가 기묘사화로 스승인 조광조가 화를 입자 시골로 내려와 은거하던 곳으로, 자연미와 구도 면에서 조선 시대 정원 중 으뜸으로 꼽히는 곳이다. 계곡을 중심으로 사다리꼴 형태로 되어 있는 정원으로 2동의 건물이 남아있다. 정원 내에는 대나무, 소나무, 느티나무, 단풍나무, 흙과 돌로 쌓은 담이 있는 선비의 고고한 품성과 절의가 엿보이는 아름다운 정원이다.

07

최고의 힐링 산책, 순천만 국가정원과 습지

'movie preview', '영화 산책'의 영어 표현이다. 직역하면 '영화 미리 보기'지만 '산책'이라는 단어를 붙여 표현한다. 가벼운 마음으로 대강의 줄거리를 훑어보는 것을 의미하는 것이다.

외국어와는 다르게 우리나라는 왜 산책이란 용어를 사용할까? 산책이란 휴식이나 건강을 위해서 천천히 걷는 행위를 말한다. 공원이나 호수 주위를 혼자 또는 친구, 연인, 가족과 함께 여유롭게 거니는 것이다. 아무 말 없이 걷거나, 음악을 듣거나, 서로 얘기하며 편안하게 시간을 보내는 행위다.

영화나 예술 작품을 대할 때는 가벼운 마음가짐을 가져야 한다. 긴장하거나 형식을 갖추면 제대로 즐길 수가 없다. 혼자서 한가로이 즐기거나, 아니면 친한 사람과 함께해야 마음 편하다. 산책이 바로 그렇다.

계절이 바뀌거나 나이가 들거나 스트레스를 받으면 우울해진다. 우울하면 마음의 속도는 느려진다. 뇌는 덜 움직이고 신경 반응도 더뎌진다. 우울증을 극복하기 위해서는 새로운 자극이 필요하다. 삶의 변화다. 새로운 환경, 새로운 사람과의 만남은 신선한 자극을 준다. 반복되는 일상에서의 작은 변화인 산책도 훌륭한 치료제가 될 수 있다.

순천에는 산책하며 힐링하기 좋은 세트 여행지가 있다. 바로 순천만 국가정원과 습지다. 스카이큐브 통합권을 구입하면 스카이큐브도 타고 정원과 습지를 한꺼번에 관람할 수도 있다.

순천만 국가정원은 2013년 국제정원박람회가 폐막한 후 그 회장을 개조하여 조성했다. 112만㎡의 대단위 면적에 약 86만 그루의 나무와 65만 그루의 꽃이 심겨 있어 연간 600만 명 이상의 관람객이 다녀갈 정도다. 그곳에서 세계 각국의 전통 정원문화를 엿볼 수 있다. 프랑스, 중국, 네덜란드, 미국, 독일, 스페인, 터키, 이탈리아, 영국, 일본 등 수많은 정원이 조성되어 있어 이래저래 다 둘러보려면 부지런히 돌아다녀도 반나절은 걸린다. 마지막으로 호수 정원 한가운데 자리잡은 봉화 언덕까지 오른다면 최고의 정원 산책이 될 것이다.

고흥반도와 여수반도로 에워싸인 순천만은 75㎢의 넓은 만이다. 갯벌과 갈대군락이 펼쳐져 있는 순천만은 자연 생태계의 보고다. 흑두루미, 황새 등 수백 종의 조류가 서식하며 오염원이 적은 갯벌로 질 좋은 수산물과 염생식물이 풍부한 곳이다. S자형 수로를 따라 갈대밭 데크 길로 산책하다 보면 동네 뒷산 같은 용산이 나오고 소나무 등산로를 따라 전망대에 오르면 갈대밭과 조류, 수로 등 아름다운 해안 생태 경관이 펼쳐지는 우리나라의 대표 습지다.

산책은 몸을 유연하게 하고 마음을 진정시켜준다. 걸으면서 내쉬는 공기는 뇌를 정화시킨다. 되도록이면 긍정적인 생각, 행복한 기억을 끄집어내야 한다. 과거 안 좋은 기억이라는 '되새김질'에 빠지면 안 된다.

정신과 의사 스캇 랭네커는 우울증을 유발하는 요인 중 하나로 '되새김질'을 꼽았다. 그간 살아오면서 부정적인 생각에 계속 사로잡혀 반복적으로 그것을 생각하는 것이다. 좋은 일은 생각하지 않고 안 좋은 일들만 기억의 되새김질 대상이 된다.

산책은 우울증을 치료할 수 있는 약이지만 제대로 복용해야 그 효과를 얻을 수 있다.

※ 순천만 국가정원과 습지

– 주소

(국가정원) 전라남도 순천시 국가정원 1호길 47

(습지) 전라남도 순천시 순천만길 513-25

– 입장료

(국가정원) 성인 8,000, 청소년 6,000, 어린이 4,000

(습지) 성인 8,000, 청소년 6,000, 어린이 4,000

(통합권: 국가정원+습지+스카이큐브) 성인 14,000, 청소년 12,000, 어린이 8,000

– 개요

· (국가정원) 대한민국 1호 국가정원으로 2013년 순천만 국제정원박람회를 개최하면서 조성되었다. 세계 각국의 정원이 그대로 재현되어 정원문화를 엿볼 수 있고 국제습지센터, 수목원, 동물원 등이 있으며 규모가 상당히 커서 부지런히 돌아다녀도 3~4시간은 걸린다. 정원 내 호수 한가운데 있는 봉화언덕이 핫 플레이스로 빙글빙글 돌아가며 올라가는 사람들의 모습이 멋진 풍경을 만들어 낸다.

· (습지) 고흥반도와 여수반도로 둘러싸인 순천만 습지는 갈대와 철새로 유명하다. 갈대밭 사이로 조성된 나무데크 길을 따라 흑두루미, 검은머리갈매기 등 조류들의 비행을 구경하며 산책하다 보면 야트막한 용산이 나오고 용산 전망대에서 바라다보이는 순천만 습지는 감탄을 자아낼 정도로 아름다운 자연미를 보여주는 곳이다. 전망대에서 바라보는 일몰과 떼 지어 이동하는 철새 풍경이 너무나 아름다워 한국관광공사의 최우수 경관으로 선정되기도 했다.

영수증겸용
순천만습지

08
전설이 숨어있는 사찰, 운주사

약자에게 강하고 강자에게 약한 존재, 바로 인간이다. 인간처럼 이기적인 동물은 없다. 자기보다 힘세고 지위 높은 사람에게는 굽실거리고 반대의 경우에는 함부로 대한다. 본능일지도 모른다. 어릴 때로 돌아가 보면 나와 관계된 주위의 것들과의 위계질서가 그랬다.

옛날에는 유난히도 잠자리와 메뚜기가 많았다. 슬금슬금 다가가 꽁지나 날갯죽지를 낚아채면 우리의 포로가 되었다. 철없는 강자는 그들의 날개와 다리를 하나씩 뜯어내며 힘을 과시했다. 화려하고 예쁜 나비들도 그물망에 사로잡혀 표본이 되어갔다. 그렇게 힘없는 곤충들은 강자인 우리들의 장난감과 노리개가 되어갔다.

작은 곤충들에게는 그렇게도 강했던 우리, 밤이 되면 보이지도 않은 귀신들에게도 벌벌 떨며 무서워했다. 강자에게 약하고 약자에게 강한 본능은 나이가 들면서도 이어졌다. 자기보다 강해 보이면 한없이 초라해지고 약해 보이면 한없이 거만해졌다. 내재된 본능이기에 어쩔 수 없겠지만 이기적인 창피함은 나이가 들어도 변하질 않았다.

에어컨도 없었던 어린 시절 가장 시원한 냉장고는 '전설의 고향'이었다. 인간과 함께 공존하는 모든 것들에 스토리가 만들어져 그들이 살아 움직이며 인간 세상과 함께하는 이야기는 호기심 가득이면서도 등골이 오싹할 정도로 무서웠다.

나주에서 가까운 화순에 보통의 사찰과는 다른 모습으로 전설이 숨어있는 운주사라는 절이 있다. 여느 절처럼 천왕문이나 사천왕상도 없어 기존의 절 형식을 제대로 갖추지 않았고 입구부터 돌부처와 탑들이 즐비하다. 산 위에는 바위에 떡하니 누워 있는 와불상까지 숨은 이야기가 궁금해지는 곳이다.

운주사는 천불철탑이라 한다. 수많은 불상과 탑이 있다는 뜻이다. 지금은 석불 70여기와 석탑 12기만이 남아있지만 《동국여지승람》 문헌에 의하면 '운주사는 천불산에 있다. 절의 좌우 산마루에 석불과 석탑이 각각 1,000개 있고, 또 석실이 있는데 두 석불이 서로 등을 대고 앉아 있다.'는 기록이 있을 정도다.

낯선 곳으로 떠나는 여행자에게 여행지는 일상과 다르게 느껴지기 마련이다. 들꽃에도 시선이 머물고, 계곡물에도 귀를 쫑긋하게 만들고, 이끼에도 손을 대게 만든다. 여행자의 마음이 이러할 진대 천불천탑으로 둘러싸인 산 사찰에 어찌 신경이 쓰이지 않겠는가? 게다가 마지막 와불 앞에 섰을 때의 여행자의 두근거리는 마음이란?

아무 말도 없이 조용히 누워있는 와불에게서 여행자는 기어코 답을 원하지 않는다. 백성을 구원하러 나타난 도선국사가 호남에 이르러 천불천탑으로 태평성대를 이루려 했고, 마지막으로 와불을 일으켜 세우려 했으나 새벽닭이 우는 바람에 미완성으로 남게 됐다는 이야기.

전설을 검증할 필요는 없다. 그럴싸한 이야기로 상상의 나래를 펼치며 재미있는 여행을 하면 그뿐. 단지 전설이 나에게 무슨 의미를 전달하려는지 한 번쯤 생각해 보면 되지 않을까?

와불이 일어서면 세상이 바뀐다는 전설 앞에 두 손을 겸허히 모은다.

※ 화순 운주사

– 주소

전라남도 화순군 도암면 천태로 91–44

– 입장료

성인 3,000, 청소년 3,000, 어린이 1,000

– 개요

천왕문도 사천왕상도 없는 독특한 사찰로 수많은 불상과 석탑때문에 천불천탑으로 불린다. 입구에 9층 석탑과 골짜기 안쪽의 항아리 탑에 이르기까지 크기도 모양도 다양한 탑들이 줄지어 있고, 서거나 앉은 불상들도 곳곳에 흩어져 있는 곳이다. 운주사에는 누워있는 불상인 '와불'이 유명한데, 와불이 일어나는 순간 세상이 바뀐다는 설화가 있을 정도로 전설이 가득하고 신비스러운 사찰이다.

廣大願雲恒不盡
如來一体同

09
과거와 현재의 만남, 낙안읍성

"목조 주택으로만 지어야 조화롭나요?"

대학에서 지역 개발과 관련된 수업을 듣는데 어떤 학생이 질문을 던진 것이다. 역사적으로 보존 가치가 높은 곳은 주위의 건축 규제까지 하며 주변 경관을 보존한다. 유네스코에 등재하기도 하고 관광지역으로 활성화시킨다.

성이나 유적지들은 주변 지역까지 예스러운 목조 주택, 고즈넉한 골목길, 아담한 정원, 오래된 물건, 최대한 옛 정취를 느낄 수 있게 조성한다. 기존 주민들과 전입자들에게 건축 규제를 통해 현대식 건축이나 고층 건물을 금지시킨다.

과거 전통가옥과 분위기를 유지하는 것이 가장 아름다운 조화라고 강조하던 강사는 학생의 느닷없는 질문에 당황해했다.

학생의 질문은 이랬다. 진정한 조화란 무엇인가, 반드시 같은 모양, 형태, 양식, 분위기를 이루어야만 조화인가, 서로 다른 것들이 어울려 새로운 분위기를 만드는 것은 조화가 아닌가, 굳이 전통 가옥들만 열거해 놓기보다는 중간에 현대식 건축도 끼워 넣는다면 그게 더 조화롭지 않을까 하는 질문이었다.

순간, 내 머릿속이 하얘졌다. 그간 나도 기존의 고리타분한 조화의 기준을 들이대고만 있었기 때문이었다. 전통적인 형태를 유지하려 똑같은 것들만 있다면 단조롭고 식상하지 않은가! 우리가 살아가는 사회는 다양한 것들이 서로 섞여 있는 곳이다. 남녀노소가 그렇고, 크고 작고, 넓고 좁은 것들이 함께 공존한다.

순천 낙안읍성을 거닐며 진정한 조화에 대해 생각해 본다. 전통 가옥에 현대식 건축양식의 결합, 전통의상과 현대의상의 공존, 과거와 현재 먹거리의 혼합, 모든 게 섞여 단조롭지 않고 더 보게 되는 이유는 무엇일까?

성벽 위에 올라 과거와 현재가 공존하는 모습을 지켜본다. 그 오묘한 분위기, 이런 게 진정한 조화는 아닐까!

※ 순천 낙안읍성

– 주소

전라남도 순천시 낙안면 쌍청루길 157-3

– 입장료

성인 4,000, 청소년 2,500, 어린이 1,500

– 개요

넓은 평야 지대에 총 길이 1,420m의 석성으로 둘러싸인 읍성이다. 태조 6년 일본군이 침입하자 김빈길이 의병을 일으켜 처음 토성을 쌓았고, 1626년 임경업이 낙안군수로 부임해 현재의 석성으로 중수하였다. 성 안에는 옛 모습 그대로의 전통가옥 108세대가 실제로 생활하고 있어 과거와 현재의 만남을 볼 수 있는 곳이다. 광해, 태백산맥, 대장금 등 역사드라마 촬영지로 이용될 정도로 과거 모습이 잘 보존된 곳이며 한복 체험도 가능한 순천의 관광 명소다.

10
뒷동산의 추억, 빛가람 전망대

우리나라의 총 토지면적 대비 산림면적 비율은 64.7%로 세계적으로 높은 수준이다. 해발 200m 이상의 산이 4천여 개를 넘는다. 백두산, 한라산, 지리산, 설악산 등 높고도 아름다운 명산들이 수없이 존재한다. 해발의 기준을 없애고 주위에 나무가 심겨 있는 산이라 부르는 모든 것들을 포함한다면 산의 개수는 헤아릴 수 없이 많을 것이다. 산이란 우리와 함께하는 삶의 터전임에 틀림없다.

전기밥솥, 보일러가 없던 옛날에는 산에서 연료를 얻었다. 음식을 조리하고 난방하기 위한 땔감을 대부분 산에서 조달했다. 우리나라 산에 많은 솔잎은 훌륭한 불쏘시개 역할을 했다. 또한 산은 식량의 보급처이기도 했다. '부지런하면 산에서는 굶어 죽지 않는다.'라고 할 정도로 산은 먹을거리의 보고였다. 산나물, 과일, 버섯 등 임산물 이외에도 토끼, 노루, 멧돼지 등 산짐승도 풍부했다.

게다가 산은 여가와 건강을 도와주는 종합레저타운이었다. 아이들에게는 술래잡기, 전쟁놀이, 눈썰매 등 놀이동산이었으며 어른들에게는 산책이나 등산 등 헬스타운이기도 했다. 산은 홍수방지, 환경보전 등 부수적인 역할도 수행하였는데, 지금에 와서는 정도가 조금 변했을지언정 아직까지도 꾸준히 본연의 역할에 충실하며 인간의 삶과 함께하고 있다.

나의 어린 시절과 함께해온 산, 동네 친구들과 함께 뛰어놀던 시골 동네의 뒷동산은 어느덧 들어가기조차 힘들 정도로 사람의 발길이 줄어들었다. 전기의 등장, 풍부한 먹을거리, 최신식 놀이공원 등이 산의 기능을 대체하면서 사람들은 산을 외면했다. 시골 뒷동산은 기억 속 정겨운 오솔길이 사라지고 마치 밀림처럼 들어갈 입구조차 찾지 못할 정도로 변해버렸다.

뒷동산의 추억이 사라져갈 즈음 다행인지 환경을 중시하는 시대가 오고, 요즘은 공원을 조성하고 산을 만들기도 하며 친환경적으로 도시계획을 한다. 추억 회상의 목적은 아닐 테고 인간과 함께하는 자연의 중요성을 깨달았기 때문일 것이다.

나주혁신도시에는 호수공원이라는 이름으로 제법 산책하기 좋은 동네 뒷동산 같은 쉼터가 만들어졌다. 호수로 둘러싸인 한가운데에 볼록하게 산을 만들어놨기에 가벼운 산책 장소로도 그만이다. 산 위에 올라가면 훤히 도시 전체가 보이는 아름다운 전경도 선사한다. 전망 좋은 커피숍에서 마시는 커피 한 잔의 여유는 과거에는 없었던 덤이다.

녹음이 점점 짙어가는 계절, 그 옛날 동네 뒷산의 추억을 가슴에서 살포시 끄집어내며 호수공원 산책을 즐긴다.

※ 빛가람 전망대

– 주소

전라남도 나주시 호수로 77

– 입장료

무료

– 개요

지방균형발전에 따라 탄생한 광주전남공동혁신도시는 빛가람혁신도시라 불린다. 광주의 光(빛:광), 영산강의 江(강:가람)에서 따온 말로 2013년부터 16개 공공기관의 이전이 시작되었다. 혁신도시의 랜드마크로 빛가람 전망대가 한가운데 우뚝 서 있어 혁신도시의 전망을 한눈에 내려다볼 수 있다. 전망대 주위로 호수공원, 모노레일, 분수 쇼, 돌 미끄럼틀 등 지역주민과 관광객에게 다양한 즐길거리를 제공한다. 전망대에는 전시관, 북카페, 식당 등이 들어서 있다.

01
하얀집

뭉그러질 때까지 진액만 남도록 푹 끓인다는 뜻의 '고다'에서 유래되었다는 어원처럼 나주 곰탕은 푹 고운 진국이 특징이다. 나주 곰탕으로 대표되는 '하얀집'은 나주 목사의 관청인 금성관 앞에 자리 잡고 있어 유구한 역사까지 곰탕에 배인 듯하다. 허연 맑은 탕으로 유명한 나주곰탕은 '따로국밥'이 아니라 밥이 말아 나오는데, 여느 곰탕과는 다르게 고기가 푸짐히 들어가 있어 조촐한 반찬인 깍두기와 김치만으로도 양껏 먹을 수 있다. 식후에는 소화도 시킬 겸 바로 앞 금성관을 둘러본다면 일석이조.

전라남도 나주시 금성관길 6-1

나주곰탕

02

예향

들어가면서부터 운치 있는 풍경에 시간을 뺏기게 되는 곳으로 항아리가 놓여 있는 소담한 앞뜰 뒤로 분위기 그럴싸한 한옥집이 바로 식당이다. 구수한 청국장이 어울릴 정도로 옛스러운 식당 모습에 사진부터 찍게 되는 곳이다. 신발을 벗고 마루를 딛고 방 안으로 들어가면 한 상 가득 나오는 한정식 한상차림에 입이 떡하니 벌어질 정도다. 보리굴비 정식을 주문하면 전복, 산삼, 생고기, 떡갈비, 홍어 등 정갈하고 맛깔 나는 반찬들, 함께 나온 녹찻물에 굴비를 넣어 밥을 말아 먹으면 비린내 없이 술술 넘어간다. 한옥의 정취에 맛을 더한 예향에서 남도 한정식을 필히 맛보시길.

전라남도 나주시 나주천 1길 79

한정식

03
송현불고기

백종원 3대 천왕에 출연한 '송현불고기'는 나주 맛집 중 하나다. 간장 양념에 버무려 연탄불에 구워내는 돼지 불고기로 유명한 식당으로, 불향 가득한 맛이 일품이다. 상추에 기름기 좔좔한 불고기를 올리고 고추, 마늘을 올리면 39년 전통 연탄 돼지불고기 맛에 흠뻑 매료될 것이다. 함께 나오는 된장 시래깃국도 구수하다. 나주곰탕, 구진포 장어, 영산포 홍어, 정통 한정식과 더불어 나주의 5미(味)로 불리기에 손색이 없는 맛이다.

전라남도 나주시 건재로 193

불고기

04

명성횟집

나주의 여름이 찾아오면 반드시 생각나는 메뉴다. 두툼하고 양 많은 회에 얹은 살얼음을 휘휘 저으면 얼큰한 육수가 만들어진다. 먼저 숟가락으로 회를 건져 먹고, 녹차로 코팅한 갓 뽑은 탱탱한 국수를 주문하면 된다. 물기가 찰랑찰랑할 정도로 생생한 녹차 국수는 무한리필. 젓가락이 멈추질 않을 정도로 먹고 또 먹어도 성내지 않고 계속 가져다준다. 나주시청 공무원들의 입맛을 사로잡아 시청 앞에서 수년째 운영하는 식당, 나주역에서도 가까우니 전남 여행을 계획한다면 꼭 한번 들러보시길.

전라남도 나주시 시청길 16-9

물회

05

신목사골칼국수

나주 시내에 있는 칼국수 맛집으로 이 집에서 칼국수를 맛있게 먹는 방법이 있다. 샤브샤브 칼국수를 시키고 바지락을 하나 추가해야 제맛. 바지락이 들어간 육수는 샤브샤브와 어울려 깊고 시원한 맛을 낸다. 야채와 바지락을 먼저 건져 먹고 칼국수를 휘휘 저어 건지면 젓가락이 멈추지 않는다. 마지막으로 더욱 진해진 육수에 밥을 볶으면 명품 볶음밥이 탄생한다. 면이라고 얕보다가는 다 먹고 일어설 수 없을 정도로 배가 묵직한 걸 느낄 것이다.

전라남도 나주시 나주로 83-10

샤브샤브 칼국수, 바지락 칼국수

06
송원식육식당

전남은 애호박을 툭툭 썰어 돼지고기를 넣고 고추장을 풀은 애호박 찌개가 유명하다. 수많은 애호박 찌개 식당이 있지만 그 중 홀이 꽤 넓은데도 언제나 손님으로 꽉 차는 맛집이 있다. 숟가락을 넣어 건지면 수두룩한 애호박을 언제 다 먹을까 걱정이 앞설 정도로 양이 많다. 얼큰하면서 시원한 맛의 애호박 찌개는 옛날 어머니가 끓여주시던 가난한 시절의 맛이 고스란히 배어 나온다. 동료와 함께라면 한우생고기비빔밥도 주문해 같이 나눠 먹는다면 최고의 한 끼가 될 것이다.

광주광역시 광산구 평동로 800번길 13

애호박찌개

07
원조금동식육식당

두툼하게 썬 삼겹살이 사람 수에 맞게 쟁반에 나온다. 역시 고기는 석쇠가 정답. 기름이 쫙 빠지면서 노릇노릇 맛있게 구워진 고기는 겉은 바삭하면서도 육즙이 가득한 게 바로 석쇠의 힘이다. 식당 텃밭에서 바로 따온 채소 위에 고기를 얹고 그 위에 새우젓을 올리는 게 신의 한 수. 새우젓은 짜지도 싱겁지도 않게 맛깔나게 양념했는데 쌈 안에서 오묘하게 조합되어 입에 넣으면 지금까지 경험하지 못한 삼겹살의 진 맛을 느낄 것이다. 이 집 삼겹살을 먹으면 절대로 다른 식당에 못 가게 된다는 사실을 염두에 두고 가시길.

전라남도 영암군 신북면 고분로 1003

생상겹살

08
섬말 민물횟집

허영만의 〈백반기행〉에 나온 시골 면 소재지 숨은 맛집이다. 역시 맛집은 시골 구석에 숨어있어도 결국 찾아오는구나 감탄하면서도 나만의 맛집을 뺏긴 기분에 살짝 속상하기도. 메기탕보다는 참게를 넣은 참게메기탕을 추천한다. 걸쭉한 국물, 구수한 시래기 맛도 일품이다. 게다가 단출하게 나오는 반찬 중 젓갈은 밥에 비비기만 해도 침이 꿀꺽 넘어갈 정도다. 언제 먹어도 맛있는 세지 메기탕이지만 그래도 가장 맛있을 때는 배꽃 피는 4월이다. 식당으로 향하는 배꽃길은 경치 좋은 길로 지정되어 있을 정도로 풍광이 끝내주는 코스다. 하얀 배꽃 사이로 드라이브하며 메기탕집으로 향하는 자신을 상상해 보시라.

전라남도 나주시 세지면 세지로 420

참게 메기탕

09

하남수산

하남수산에 가려면 예약이 필수다. 당일 예약이 힘들 정도로 자리가 좁고 유명한 맛집이다. 불에 살짝 익힌 참돔 유비끼 회가 나오고 초밥이 무한정 공급된다. 함께 나오는 깻잎에 초밥과 유비끼, 와사비를 올리면 자신도 모르게 소주잔을 들게 된다. 일반 횟집처럼 스끼다시가 없어 다소 적은 듯 보이지만 초밥과 같이 먹기 때문에 식당을 나올 때는 배가 불룩할 정도다. 서비스로 주는 알탕은 간이 딱 맞고 얼큰해 주인장의 요리 솜씨를 짐작하게 만든다. 시장 안에 있는 횟집이라 퇴근 후 왁자지껄 분위기 속에서 한 잔 하기에 딱 좋은 곳이다.

광주광역시 광산구 사암로 300

참돔 유비끼

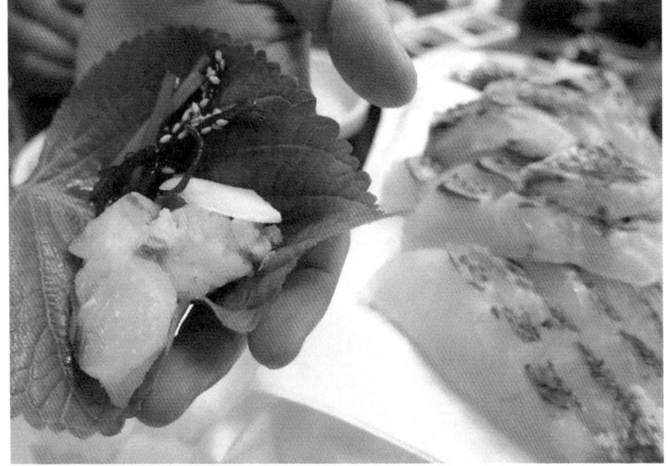

10

광주옥

슴슴한 육수가 매력인 평양냉면이 광주에도 있다. 1947년 오픈한 광주 최초의 평양냉면 전문점이다. 메밀면 위에 소고기 편육과 계란 지단을 얹혀 정갈하게 나오는 냉면은 부수기가 아까울 정도다. 메밀가루를 직접 맷돌 제분기로 빻아 100% 순 메밀로 만든 수제 면으로 가위로 자르지 말고 이로 자르는 게 포인트. 식탁 한 켠에 놓인 고급 다시마 식초와 겨자를 살짝 뿌리고, 단출한 반찬인 열무김치와 무절임을 곁들여 먹으면 그 맛에 중독되어 한겨울에도 찾게 된다. 오랜 전통은 맛과 더불어 추억을 담고 있다. 70년 전통을 자랑하는 광주옥은 전통방식의 메밀면을 고수하며 광주 평양냉면의 역사를 간직한다.

광주광역시 서구 상무대로 1104-20

평양냉면

다시 여행이다

초판인쇄 2022년 03월 04일
초판발행 2022년 03월 04일

지은이 김희정
펴낸이 채종준
펴낸곳 한국학술정보(주)
주 소 경기도 파주시 회동길 230(문발동)
전 화 031-908-3181(대표)
팩 스 031-908-3189
홈페이지 http://ebook.kstudy.com
E-mail 출판사업부 publish@kstudy.com
출판신고 2003년 9월 25일 제406-2003-000012호

ISBN 979-11-6801-407-7 03980

이담북스는 한국학술정보(주)의 출판브랜드입니다.